養肉高手
多肉趣

長田研

前言

　　我培育多肉植物已將近20年。當初多數品種只流通於一些業餘愛好者之間，市面上並不常見。

　　品種十分珍奇罕見，或者市面上流通量不大，其實都有原因的，諸如植栽不容易繁殖、生長發育時間過長等等。而當這類多肉植物的栽培情況漸入佳境，成為市面上求肉若渴的搶手貨時，這對於養肉人家來說，可說是最令他們感到開心的一件事了。

　　比起過去，現在隨處可得、形形色色的多肉植物，在單一「屬」內就含括琳瑯滿目的品種，讓不少花友對特定屬的多肉植物死心塌地。為了讓大家更瞭解多肉植物的多樣性，本書收錄多種極具代表性的類群，並加入一些稀有品種，期盼能讓多肉植物的老手與新手都能樂在探索「原來也有這種品種」的新發現。

　　只要掌握正確栽培重點，多肉植物其實也蠻好養的。衷心期盼這本書能對大家有所幫助，即使失敗也能從書中得到啟發，鼓起勇氣再次挑戰新的多肉植物。

長田 研

Contents

獨具個性又有趣
多肉植物的基本知識

何謂
多肉植物

根、莖、葉肥厚的植物

多肉植物的英文名稱為「succulent＝多汁的」，根、莖、葉肥厚且具備儲藏水分功能的植物都可以稱為多肉植物。主要分布在以中美、南非為中心的世界各地。多數品種生長於雨量少的乾旱環境，為了適應乾旱嚴酷的氣候，植株的根莖葉才會進化成特殊的肥厚形態。多肉植物的種類繁多，光是原生種的數量就高達數千種以上。

仙人掌帶動潮流

日本於1950年代引進仙人掌與多肉植物，只要環境條件相似就能夠栽種，因此短時間內就已經遍布日本各地。仙人掌是仙人掌科的植物總稱，肥厚葉片與粗大莖幹具有儲水功能，這個特徵與多肉植物相同，但在日本園藝界，通常將仙人掌科的植物稱為「仙人掌」，其餘肥厚多汁的植物則稱為「多肉植物」。部分球根類植物（球莖或塊莖植物）也被歸類為多肉植物。

樂趣
在哪裡？

深受喜愛的飽滿豐厚葉片

多肉植物具備肥大的儲水組織，形態更是千奇百怪，各有各的獨特觀賞部位。但一般來說，最受歡迎的是莖葉飽滿又水嫩的類型。尤其是包含擬石蓮屬、景天屬在內的景天科品種，由於肉質肥厚又圓潤，深受許多花友喜愛。而同樣具備飽滿莖葉，但葉片相對銳利的蘆薈屬和全身長刺的大戟屬則比較受到男性喜愛。

花友鍾情的塊根（莖）植物與美麗花朵

多肉植物中，除了莖、根整體肥大的品種外，肥大部位不規則的品種另外稱為「塊根（莖）植物」。全世界也有不少熱愛塊根（莖）植物的花友。乍看之下會以為肥大部位是樹幹，但就算橫切一刀，也不會出現樹幹特有的年輪。除此之外，綻放多采多姿花朵的女仙類多肉植物，因花朵觀賞價值高而同樣深受眾人喜愛。天氣變冷時，葉片轉紅的品種也因饒富趣味而廣受歡迎。

圓滾滾葉片的「小夜衣」。

塊根（莖）植物類的「特力沙（音譯，Cissus tiliacea）」。

綻放大型花朵的女仙類「冰嶺」。

三種生長型

絕大多數的多肉植物屬於多年常綠性草本植物，一年之中分成生長力旺盛的生長期與生長停止的休眠期。日本的多肉植物依生長期分為春秋型、夏季型、冬季型三種。栽種多肉植物時，只要確實掌握各品種的習性與生長期，就能不費吹灰之力地將多肉植物照顧得健康又漂亮（參照P112）。

照片由上至下依序為春秋型的景天屬「三色葉」、夏季型的大戟屬「魁偉塔」、冬季型的銀鱗草屬「山地玫瑰」。

●春秋型

於春季和秋季生長的類型。多數春秋型的特徵是莖葉柔軟，性質類似一般花草類植物。多數品種有鮮豔的配色，並於氣溫下降的秋季轉為紅葉。大部分景天科的多肉植物便是春秋型。

●夏季型

於夏季生長的類型。是莖葉較堅硬的種類、葉片形狀較尖銳的種類，例如蘆薈屬、大戟屬、棒錘樹屬等都是最具代表性的夏季型多肉植物。獨特姿態給人生命力旺盛的感覺。

●冬季型

於冬季生長的類型。「黃花新月」、「綠之鈴」等千里光屬、厚敦菊屬、綻放美麗花朵的女仙類、部分景天科等屬於冬季型多肉植物。不少園藝家或花友都相當喜愛這一類型的多肉植物。

獨特的園藝俗稱也備受矚目

具有「學名」和「中文名」以外的名字

多肉植物除了世界通用的拉丁語「學名」以及「中文園藝名」之外，還有園藝界常用的「俗稱」。部分引進自國外的野生品種或園藝品種，由於未鑑定屬、種就直接上市，因此在無正式名稱下便產生大家口耳相傳的俗稱。有時這些無法鑑定，只有俗稱或販售品名的多肉植物，最後就以俗稱作為園藝名並流通於市面上。另一方面，有些多肉植物雖已經過鑑定卻沒有園藝名，或是希望有個更響亮的稱呼，通常也會另外取個俗稱。不同植物有著相同的俗稱，同種不同色植物卻有著不同的俗稱，這些情況都是有可能的。

思考俗稱的由來其實相當有趣

例如塊根（莖）植物中的Pachypodium brevicaule在日本有個「惠比須笑」的俗稱。雖然不清楚詳細的由來，但據說是因為植物的外形容易令人聯想到七福神「惠比須的容貌」。另外，看起來像是山茶花花蕾的青鎖龍屬「玉椿」、逐漸轉變成火焰般火紅的青鎖龍屬「火祭」，以及像小熊手掌般軟呼呼的銀波錦屬「熊童子」等，這些植物的俗稱多半取名自植株的特徵。大家試著想像一下，會發現這些俗稱由來其實非常有趣。

好似山茶花花蕾的青鎖龍屬「玉椿」。

低溫期轉紅的青鎖龍屬「火祭」。

葉緣呈褐色，宛如小熊手掌的銀波錦屬「熊童子」。

圖鑑的參閱方法

科名

原產地
族群的主要原生地。科、屬跨區生長，或者原生地特別不同時，會個別註記。

植物名稱
包含學名、中文名稱、常用的俗稱。

學名
如下表所示。

生長型
標示春秋型、夏季型或冬季型。

基本尺寸
栽種於日本時，可供參考的基本植栽大小。不含花莖長度。

耐寒度
無法忍受10℃以下低溫的標記為「弱」，能忍受至5℃的標記為「中」，能抵擋寒霜的標記為「強」。

植物特徵
別名、外觀特徵、性質、栽培注意事項等。

種內分類群
依多肉植物系統的分類。主要以屬分類，其中也有以科分類。

分類群特徵
各分類群（主要為各屬）的特徵。

擬石蓮屬（含屬間交配品種）／ Echeveria

科名： 景天科
原產地： 美國南部、墨西哥

色彩鮮豔的葉片交疊成蓮座狀，深受不少花友喜愛。生長型為春秋型，部分品種會綻放美麗花朵，部分品種的葉片會轉紅。多半生長於高海拔地區，幾乎所有品種只要確實避免霜害，就能平安度過寒冬，記得夏季要做好遮陽防曬工作。

多多
Echeveria 'Dondo'

● 春秋型　● 株高5cm、株寬10cm　● 中
擬石蓮屬的多肉植物多半使用「玫瑰蓮（靜夜與錦司晃的交配種）」進行交配，其中的多多品種體型小巧又好照顧。淡綠色植株外形相當出眾，春季綻放橙紅色小花。

青渚蓮
Echeveria setosa
var. *minor*

● 春秋型　● 株高5cm、株寬15cm　● 中
「錦司晃」的突變品種。*setosa* 有「鬃毛狀」的意思，葉片整體佈滿白色細毛，背面稍微呈紫紅色。屬於高山型多肉植物，不耐高溫多濕，夏季盡量置於通風良好處，並且做好防曬工作。春季綻放橘色和黃色的雙色花朵。

大雪蓮
Echeveria 'Laulensis'

學名表記範例

● *Echeveria* *setosa* var. *minor*
　屬名　　種小名　　變種名

● *Crassula rupestris* ssp. *marnieriana*
　屬名　　種小名　　亞種名

● × *Graptoveria* 'Ametorum'
　小乘法記號　　園藝品種名

● *Euphorbia lactea* variegated crested
　屬名　　種小名　　附屬資訊

● 屬名 … 相近的品種合成一屬。
● 種小名 … 與屬名組合為種名。
● ssp. … 拉丁語subspecies的簡稱，亦即亞種。同subsp.。種下面的分類群，無法獨立為種的族群。
● sp. … 拉丁語species的簡稱，亦即種。無小名或不知種小名為何時，通常會標記種名。spp.為複數型。
● aff. … 拉丁語affinis的簡稱，亦即該物種與特定種有近緣關係。（例如「*Sansevieria* sp. aff. *bella*」是指虎尾蘭屬近緣種）

● var. … 拉丁語varietas的簡稱，亦即變種，位於亞種下的分類級別。
● cv. … 英語cultivar的簡稱，代表園藝品種（人工栽培品種）。
● f. … 拉丁語forma的簡稱，亦即品型，代表具有相同特徵的族群。
● ' ' … 代表特定園藝品種名。
● × … 小乘法記號，代表屬間或種間雜交的品種。
● hybrid … 亦即雜交種。
● variegated … 代表葉片上有錦斑紋路。
● crested … 代表石化。

書中所記述的多肉植物生長型、基本尺寸、耐寒度、栽種方式等皆以關東地方以西的地區為基準。

多肉植物圖鑑

多肉植物的魅力在於其種類多樣性。
葉片水嫩又圓嘟嘟的種類；
形狀像岩石且又光滑的種類；
長滿棘狀突起，讓人誤以為是仙人掌的種類等等，
五花八門的外形緊緊抓住眾人目光。
本章節將為大家介紹一些獨特的多肉植物，
收錄美麗照片的同時，詳細解說特徵與栽培注意事項。
相信大家一定能有「竟然有這種多肉植物！」的驚艷發現。

擬石蓮屬（含屬間交配品種）/ Echeveria

| 科名：景天科 |
| 原產地：美國南部、墨西哥 |

色彩鮮豔的葉片交疊成蓮座狀，深受不少花友喜愛。生長型為春秋型，部分品種會綻放美麗花朵，部分品種的葉片會轉紅。多半生長於高海拔地區，幾乎所有品種只要確實避免霜害，就能平安度過寒冬，記得夏季要做好遮陽防曬工作。

多多
Echeveria 'Dondo'

● 春秋型　● 株高5cm、株寬10cm　● 中

擬石蓮屬的多肉植物多半使用「玫瑰蓮（靜夜與錦司晃的交配種）」進行交配，其中的多多品種體型小巧又好照顧。淡綠色植株外形相當出眾，春季綻放橙紅色小花。

青渚蓮
Echeveria setosa var. *minor*

● 春秋型　● 株高5cm、株寬15cm　● 中

「錦司晃」的突變品種。setosa有「鬃毛狀」的意思，葉片整體布滿白色細毛，背面稍微呈紫紅色。屬於高山型多肉植物，不耐高溫多濕，夏季盡量置於通風良好處，並且做好防曬工作。春季綻放橘色和黃色的雙色花朵。

桃太郎
Echeveria 'Beatrice'

● 春秋型　● 株高5cm、株寬15cm　● 中

原生種「卡蘿拉系統」的交配種。葉尖全年呈紅色，十分討喜，是擬石蓮屬花友相當喜愛的品種之一。繁殖方式很簡單，透過葉插法、分株法即可增生。

大雪蓮
Echeveria 'Laulynsay'

● 春秋型　● 株高15cm、株寬25cm　● 中

原生種「雪蓮」和「卡蘿拉」的交配種。淡紅色葉片覆有白色粉末，十分美麗。植栽越長越大時，中心部位容易因為積水而腐爛，務必留意澆水時不可直接將水淋在植栽上。

蘿拉
Echeveria 'Lola'

●春秋型 ●株高7cm、株寬10cm ●中

園藝品種「蒂比」與原生種「麗娜蓮」（P13）的交配品種。蘿拉的葉片比麗娜蓮稍微圓潤些。品種體型小、容易照顧又十分可愛，算是優良品種。低溫期的糖果色調葉片更是令人愛不釋手。

千鳥
Echeveria racemosa

●春秋型 ●株高5cm、株寬15cm ●中

屬於原生品種，特徵是紅黑色的葉片。葉片細長，綻放桃紅色花朵。容易繁殖，透過葉插法也能輕鬆增生。除下方葉片外，使用長於花莖上的葉片也能輕易繁殖。

伯利蓮
Echeveria 'Perle
von Nuerwenberg'

●春秋型 ●株高15cm、株寬25cm ●中

伯利蓮是很早就為人所知的交配種，在擬石蓮屬植物中算是中型品種。又名「紐倫堡珍珠」，出產於德國。葉片寬如湯匙，低溫期轉為美麗的紫色。可透過葉插法、分株法繁殖。

東雲
Echeveria agavoides

●春秋型 ●株高15cm、株寬30cm ●中

種小名*agavoide*為「resembling agave」。種於室內環境也不易徒長，特徵是尖狀葉片。多半會從種子開始培育，故流通市面的植栽具個體差異。春季綻放吊鐘狀橘花。可透過分株法、種子播種法、葉插法（花莖上的葉片）繁殖。

玉蝶
Echeveria runyonii

● 春秋型　● 株高5cm、株寬15cm　● 中

灰白色的葉片覆有白色粉末，生長速度快且生長勢強健。玉蝶容易培育，推薦給初入門的新手。綻放橘色花朵，花莖約20cm長。可透過葉插法、分株法、種子播種法繁殖。

特葉玉蝶
Echeveria runyonii
'Topsy Turvy'

● 春秋型　● 株高10cm、株寬20cm　● 中

「玉蝶」的突變種，園藝名topsy有「顛倒」的意思，因此葉片的特徵就是反向彎曲，也就是向葉片外緣側彎曲，而花瓣同樣也是反向彎曲生長。植栽長大後，偶爾會出現石化現象。容易形成群生株，可透過葉插法、分株法繁殖。

老樂錦
Echeveria peacockii
variegated

● 春秋型　● 株高7cm、株寬15cm　● 中

帶有黃色覆輪斑的美麗品種。老樂錦也稱為皮氏石蓮錦，生長緩慢，不容易開花。葉插法的成功機率低，不容易長出子株，因此不太會形成群生株。繁殖方式可藉由砍頭處理，強制促進子株的生成。

古紫
Echeveria affinis

● 春秋型　● 株高7cm、株寬15cm　● 中

偏黑的葉片於夏季時稍微帶點綠色。花朵多半是鮮豔的橙紅色，開花時與葉片顏色形成強烈對比，非常美麗。可透過葉插法、分株法、種子播種法繁殖。

麗娜蓮
Echeveria lilacina

七變化
Echeveria 'Hoveyi'

●春秋型 ●株高10cm、株寬25cm ●中
葉片覆有灰白色粉末，屬於原生品種。若使用大盆缽培
育，植栽會變得比較大。置於日曬強烈的地方，葉緣處
會變成粉紅色，非常美麗。綻放覆有粉末的水蜜桃色花
朵。可透過葉插法、分株法、種子播種法繁殖。

●春秋型 ●株高3cm、株寬15cm ●中
帶有噴灑狀錦斑的交配種，葉片偏長。葉色和形狀會隨
季節改變，因此取名為七變化。生長緩慢，葉緣遇低溫
時會變成粉紅色，不容易開花。可透過分株法繁殖，若
以葉插法繁殖，新生株不容易再出現一模一樣的錦斑。

七福神
Echeveria secunda

七福神石化
Echeveria secunda crested

●春秋型 ●株高5cm、株寬15cm ●中
置於日曬強烈的地方，葉尖會變成紅色。一般七福神的葉片如左圖所
示呈蓮座狀展開，但偶爾也會如右圖所示產生石化突變（生長點變成生
長線，導致植栽外形產生變異）。左側的個體為石化品種的原貌，植栽
長得過大或形成群生株時，容易產生石化現象。擬石蓮屬的植物中有
不少石化變異品種。

白鳳

Echeveria 'Hakuhou'

●春秋型 ●株高20cm、株寬30cm ●中

雜交培育的日本園藝品種，親本為原生品種「霜之鶴（直立莖的大型種）」與「雪蓮」。屬於大型品種中容易照顧容易繁殖的種類。葉緣呈粉紅色，還兼具霜之鶴容易栽培與雪蓮具美麗色彩的優點。

紫麗殿

× *Pachyveria* 'Shireiden'

●春秋型 ●株高5～10cm、株寬5～10cm ●中

厚葉草屬與擬石蓮屬的屬間雜交種。在國外以「Blue Mist（藍霧）」這個名稱而聞名，粉藍的糖果色非常漂亮。春季綻放深橘色花朵。可透過葉插法、分株法、扦插法繁殖。

紅司

Echeveria nodulosa

●春秋型 ●株高10cm、株寬15cm ●中

中文名稱沿用俗名「紅司」。綠色葉面上有紅褐色斑紋，進入低溫期後，顏色更顯深濃。直立莖會越來越長，需要定期修剪。春季綻放深橘色花朵。可透過葉插法、分株法、種子播種法繁殖。

花麗

Echeveria pulidonis

●春秋型 ●株高5cm、株寬15cm ●中

葉緣呈紅色，花莖會長至30cm左右，初春綻放黃色花朵。植栽健壯，種植於大盆缽裡容易形成美麗的群生株。原生種可透過種子播種法繁殖，故市面上的花麗有個體差異。除實生苗，也可透過葉插法或分枝法繁殖。

月美人

× *Pachyveria* 'Elaine'

●春秋型 ●株高3～10cm、株寬3～15cm ●中

厚葉草屬與擬石蓮屬的屬間雜交種。親本為擬石蓮屬的「卡蘿拉」與厚葉草屬的「美人」。春季綻放淡橘色花朵。可透過葉插法、分株法和扦插法繁殖。

銀星

× *Graptoveria*
'Silver Star'

● 春秋型　● 株高7cm、株寬10cm　● 中

風車草屬與擬石蓮屬的屬間雜交種。親本為風車草屬的
「菊日」和擬石蓮屬的「束雲」（P11）。葉片前端細長
如線，葉肉肥厚且具光澤感，兼具親本雙方的特徵。生
長速度略慢，不耐高溫多濕。春季綻放奶油色至淡粉紅
色花朵，然而實際上並不容易開花。可透過葉插法、分
株法繁殖。

藍黛蓮

× *Pachyveria*
'Glauca'

● 春秋型　● 株高5～10cm、株寬5～10cm　● 中

厚葉草屬與擬石蓮屬的屬間雜交種，是自古就有的品
種。葉片表面覆有白粉，一摸就掉。春季綻放淡橘色至
黃色花朵。可透過葉插法或分株法繁殖。

黛比

× *Graptoveria*
'Debbi'

● 春秋型　● 株高3～8cm、株寬5～10cm　● 中

風車草屬與擬石蓮屬的屬間雜交種，是美國於1978年發
表的品種。植株呈糖果色調的紫紅色，春季綻放淡橘色
花朵。可透過葉插法或分株法繁殖。

邱比特

× *Graptoveria*
'Topsy Debbi'

● 春秋型　● 株高5cm、株寬10cm　● 中

風車草屬與擬石蓮屬的屬間雜交種，是日本培育的品
種。邱比特與「特葉玉蝶」（P12）相同，都是突變品
種。特徵是特殊飯匙狀的葉片。種名'Topsy Debbi'由親本
的種名組合而成。

紅葡萄

× *Graptoveria*
'Ametorum'

● 春秋型　● 株高2～5cm、株寬3～10cm　● 中

風車草屬與擬石蓮屬的屬間雜交種，親本為擬石蓮屬的
「大和錦」與風車草屬的「美人」。葉片質感和形狀類
似十二卷屬的多肉植物。春季綻放淡橘色花朵，然而開
花狀況不佳。可透過葉插法和分株法繁殖。

厚葉草屬／Pachyphytum

| 科名：景天科 |
| 原產地：墨西哥 |

厚葉草屬原生於墨西哥岩石區，品種不多，大約十多種。屬名有「肥厚」之意，外形短短胖胖，多數品種的葉面上覆有白粉。生長型為春秋型，生長勢強健。另外，有不少品種為直立莖，若外形隨著生長變得雜亂無章，建議定期修剪。

● 生長型　● 基本尺寸　● 耐寒度

千代田之松

Pachyphytum compactum

● 春秋型　● 株高5～10cm、株寬3～8cm　● 中

葉片表面平坦，以近輪生方式著於短莖上。葉面上有白色線紋，更具立體感。植株質感偏硬，稍微輕壓葉片很容易就脫落。春季綻放深橘色花朵。可透過葉插法、扦插法、分株法繁殖。

新桃美人

Pachyphytum bracteosum

● 春秋型　● 株高5～15cm、株寬3～8cm　● 中
葉片細長，直立莖的節間比較長。植株整體披覆白粉，葉片於低溫期稍微轉為紫色。春季綻放薔薇色花朵。可透過葉插法或扦插法繁殖。

Column 1

景天科的屬間交配

在景天科植物中，存在著有近緣關係的不同屬之間進行屬間交配的品種。例如「厚葉草屬與擬石蓮屬的屬間雜交種」、「風車草屬與擬石蓮屬的屬間雜交種」、「景天屬與擬石蓮屬的屬間雜交種」，以及「風車草屬與景天屬的屬間雜交種」等。以種子親或花粉親進行雜交培育。另外，也有透過人工交配或以昆蟲為媒介進行自然交配的種類。屬間交配品種的外觀通常較親本漂亮，植株也比較強健。

風車草屬／Graptopetalum

科名：景天科

原產地：美國西南部、墨西哥

風車草屬與擬石蓮屬、景天屬都有近緣關係，品種多呈蓮座狀排列。屬名Graptopetalum 字根源自希臘文graptos（標記）和petalon（花瓣），形容本屬的植物花瓣帶有各式各樣的斑紋。生長型為春秋型，栽培方式同擬石蓮屬，夏季時需要格外細心照顧。

藍豆

Graptopetalum pachyphyllum

●春秋型 ●株高1～5cm、株寬3～10cm ●中

長圓形葉片覆有粉末，葉尖呈紅褐色。在日照充足的地方容易變成群生株，小巧玲瓏的姿態引人注目。春季綻放奶油色花朵，花瓣上有紅色斑紋。可透過葉插法、扦插法和分株法繁殖。

貝拉雜交種

Graptopetalum bellum hybrid

●春秋型 ●株高1～3cm、株寬3～10cm ●中

褐中帶綠的葉片，依分類歸屬於美麗蓮屬的「美麗蓮（*Tacitus bellus*）」，照片為尚未開花的花苞狀態。葉片呈蓮座狀排列，春季綻放直徑4cm左右的大型花朵，花色為淡粉紅色至深紅色。可透過葉插法、分株法、種子播種法繁殖。

超武雄縞瓣

Graptopetalum superbum

●春秋型 ●株高3～15cm、株寬5～15cm ●中

外形呈蓮座狀，葉序排列非常平整，看似扁平。長大後花莖直立，葉片橫向生長。以前歸類為華麗風車亞種，但現在已獨立出來。黃綠色花瓣上有紅色斑紋。可透過葉插法、扦插法、分株法繁殖。

景天屬 （含屬間交配品種）/ Sedum

科名：景天科

原產地：北美、亞洲、歐洲、北非、中東、近東

景天屬是目前非常夯的多肉植物，屬內品種極為繁多，也因為生長形態多樣化，從常綠性至落葉性、從一年生至多年生都有，涵蓋範圍相當廣泛。春秋型的多半生長勢強健，若是關東以西地區，就算置於戶外也能平安過冬。

耳墜草
Sedum rubrotinctum

● 春秋型　● 株高5～15cm、株寬3～10cm　● 強

低溫期於強烈陽光照射下，全株葉色會轉紅，非常漂亮。冬季光線充足、溫差大的環境最適合喜歡日照的春秋型耳墜草。生長勢強健，葉插法、扦插法都能輕易繁殖，是非常適合初學者的品種。春季綻放黃色花朵。

美國信東尼
Sedum mocinianum

● 春秋型　● 株高5～10cm、株寬5～15cm　● 中

又稱為「貓毛信東尼」，但與花莖長的原生種「信東尼」是不一樣的品種。特徵是淡綠中帶灰的葉片，葉面覆有細細的短毛。不耐高溫多濕，夏季時務必注意防曬，置於通風良好處並控制給水。春季綻放白色花朵。

枝葉型景天
Sedum acre 'Elegans'

● 春秋型　● 株高3～5cm、株寬10～20cm　● 強

銳葉景天的曙斑品種。葉片於春季的生長期長出黃色斑紋，但斑紋顏色會隨著生長逐漸變回綠色。群生株宛如地毯般生長與蔓延。需留意群生株過於密集時，中心部位的植株容易有悶熱情況發生。春季綻放黃色花朵。相似品種還有金皇后苔景天。

珍珠萬年草
Sedum album 'Coral Carpet'

●春秋型　●株高3～5cm、株寬10～20cm　●強

「白花景天（*Sedum album*）」中比較大型的品種。大範圍生長的葉片如其園藝名「Coral Carpet（珊瑚地毯）」所示，會於低溫期轉為紫紅色。置於通風良好且日照充足的地方，植株會密集生長形成群生。春季綻放白色花朵。

春上
Sedum hirstum ssp. *baeticum*

●春秋型　●株高5～15cm、株寬5～15cm　●強

植株長滿短小絨毛，觸摸時有濕濕的觸感。屬於高山型植物，耐低溫，但不適應夏季高溫多濕的環境。也有人稱春上為小型卵瓦蓮。春季綻放白色花朵。

黃金萬年草
Sedum acre 'Golden Carpet'

●春秋型　●株高3～5cm、株寬10～20cm　●強

「銳葉景天」的黃金葉品種，另有黃金景天的別名。全年都能欣賞亮麗黃綠色的葉片。莖桿具匍匐性，宛如地毯般擴張生長。冬季若不施肥，植株呈橘色。春季綻放黃色花朵，但開花數量比原生種少。

白雪
Sedum spathulifolium 'Cape Blanco'

●春秋型　●株高3～8cm、株寬10～15cm　●強

葉片表面覆有白粉，是花友相當喜愛的品種。屬於高山型的小型群生種，夏季需要格外細心照顧，秋～春季則相對容易照顧。春季綻放黃色花朵。同系統的「紅霜」體型較白雪大，葉片呈紫紅色。

三色葉
Sedum spurium 'Tricolor'

●春秋型 ●株高3～5cm、株寬10～20cm ●強

「高加索景天（*Sedum spurium*）」的覆輪錦斑品種。斑紋的顏色是白中帶些許粉紅色，全年都能欣賞美麗的對比色彩。生長緩慢，但會宛如地毯般擴張生長。枝條上長出不帶斑紋的新芽時，須適時修剪。花色為淡粉紅色。

龍血
Sedum spurium 'Dragon's Blood'

●春秋型 ●株高3～5cm、株寬10～20cm ●強

「高加索景天」的銅葉品種。低溫期能欣賞美麗的紅葉，但紅葉於高溫期會轉為綠色。莖桿具匍匐性，宛如地毯般擴張生長。春季綻放淡粉紅色花朵。市面上還有其他數種相似的銅葉品種。

黃金圓葉萬年草
Sedum makinoi 'Ogon'

●春秋型 ●株高3～5cm、株寬10～20cm ●強

「圓葉萬年草」的黃金葉品種。是日本園藝栽培品種，相對容易照顧，而且金黃色葉片深受花友喜愛。悶熱環境易使葉片冒出斑點，應置於通風良好處。置於戶外過冬的話容易落葉，通常僅留土面下的根部進入冬眠。

圓葉萬年草覆輪
Sedum makinoi albomarginated

●春秋型 ●株高3～5cm、株寬10～20cm ●強

「圓葉萬年草」的白色覆輪錦斑品種。是日本園藝栽培品種，相對容易照顧。淡綠色葉片與白色錦斑的強烈對比十分搶眼。置於戶外過冬的話容易落葉，通常僅留土面下的根部進入冬眠。可透過扦插法和分株法繁殖。

安吉麗娜景天
Sedum rupestre 'Angelina'

● 春秋型　● 株高5〜15cm、株寬10〜15cm　● 強

葉色呈橘色〜黃色，鮮豔色彩深具魅力。「針葉景天」有數種黃葉品種，其中具常綠性、配色優美、生長勢強健等優點的就是安吉麗娜景天。春季綻放黃色花朵。耐高溫多濕，不怕輕微結霜。可藉扦插法、分株法繁殖。

針葉景天錦
Sedum rupestre variegated

● 春秋型　● 株高5〜15cm、株寬10〜15cm　● 中

「針葉景天」的錦斑變異品種。葉色鮮明，置於日照強烈的地方，粉紅色葉片更顯亮麗。生長緩慢，但生長勢強健。植株長得越大，下方葉片越容易脫落，需要定期換盆移植。春季綻放白色花朵，然而實際上並不容易開花。

毛姬星美人
Sedum dasyphyllum

● 春秋型　● 株高1〜2cm、株寬2〜15cm　● 強

市面上有許多毛姬星美人系統的品種，圖中的毛姬星美人是自古就存在的原生種。小葉片呈蓮座狀排列，通常會共同生長形成群生株。耐熱且耐寒，關東以西的地區可以全年置於戶外栽培。春季綻放白色花朵。

紫霧
Sedum dasyphyllum 'Purple Haze'

● 春秋型　● 株高1〜5cm、株寬3〜15cm　● 強

「毛姬星美人」的大型品種。比毛姬星美人更不耐熱，葉片於低溫期轉為紫色。生長速度快，但開花後容易衰弱，建議定期修剪並移植。可透過葉插法、扦插法、分株法繁殖。

姬朧月

× *Graptosedum* 'Bronze'

●春秋型　●株高10cm、株寬5cm　●中

是自古就有的風車草屬與景天屬的屬間雜交種。耐熱且耐寒，常見到住家屋簷下的姬朧月形成群生株。可透過葉插法、扦插法簡單繁殖。春季綻放奶油色花朵。另外也有葉片上多了斑紋的「姬朧月錦」品種。

木樨景天

Sedum suaveolens

●春秋型　●株高5〜8cm、株寬5〜15cm　●中

葉片覆有白色粉末，呈蓮座狀排列。乍看之下很像擬石蓮屬植物，但木樨景天歸類為景天屬。分株法和扦插法的繁殖效率不佳，因此市面上的流通量相對較少。春季綻放白色花朵。

小松綠

Sedum multiceps

●春秋型　●株高5〜10cm、株寬5〜15cm　●中

具直立性的景天屬品種，位於莖桿下方的老舊葉片枯萎後，植栽看似小型灌木植物。分枝後形成群生株的小松綠，宛如一盆觀葉小盆栽。雖然樸素不起眼，但深受花友喜愛。可透過扦插法輕鬆繁殖。

瓦蓮屬 / Rosularia

科名：景天科	瓦蓮屬與景天屬、長生草屬都有近緣關係。相較於景天屬植栽的
原產地：地中海沿岸東部、土耳其附	花瓣是片片分離，瓦蓮屬的花萼基部合在一起呈筒狀。屬名有
近、近東、哈拉和林～喜馬拉雅山脈	「蓮座狀」的意思。瓦蓮屬為春秋型植物，不適應悶熱的夏季，
	但十分耐寒。

阿爾巴
Rosularia alba

●春秋型 ●株高3～5cm、株寬5～10cm ●強
單株是直徑2～3cm的小型品種，葉片呈蓮座狀排列，通常會數株密集生長形成群生狀態。葉片厚，披覆短絨毛，給人毛茸茸、軟綿綿的感覺。屬於常綠性植物，雖然耐寒冷，卻不適應夏季的高溫多濕。春季綻放白色花朵。

菊瓦蓮
Rosularia platyphylla

●春秋型 ●株高3～5cm、株寬5～15cm ●強
單株直徑3～5cm，葉片呈蓮座狀排列，通常數株密集生長形成群生狀態。菊瓦蓮的葉片比「阿爾巴」扁平，葉尖於低溫時會轉紅。屬於常綠性植物，雖然耐寒冷，卻不適應夏季的高溫多濕。春季綻放白色花朵。

瓦松屬 / Orostachys

科名：景天科

原產地：塔吉克共和國、吉爾吉斯共和國、哈薩克共和國、巴基斯坦、東亞

葉片呈小型蓮座狀排列。市面上常見的瓦松屬多肉植物多半為容易產生走莖的品種。原產於日本的多肉植物就只有景天屬和瓦松屬兩種。生長型為春秋型，需要特別留意夏季的高溫多濕。植株於開花後枯萎，針對不容易生出子株的種類，需要特別費工夫照顧。

富士

Orostachys malacophylla var. iwarenge 'Fuji'

● 春秋型 ● 株高3～5cm、株寬5～15cm ● 強

是原產於日本玄海岩的白覆輪錦斑變異種。葉片呈蓮座狀排列，奶油色葉片上有鮮豔的白邊錦斑。屬於高山型植物，同時又是錦斑品種，生長勢強健，但不耐高溫多濕。市面上的流通量不多。

金星

Orostachys malacophylla var. iwarenge 'Kinboshi'

● 春秋型 ● 株高3～5cm、株寬5～15cm ● 強

是原產於日本玄海岩的黃覆輪錦斑變異種。整齊的葉片呈蓮座狀排列，葉片上有鮮豔的黃邊錦斑。和「富士」同為高山型錦斑品種，生長勢強健，但流通量不多。另也有葉片中央部位有黃色錦斑的「鳳凰」品種。

修女

Orostachys spinosa

● 春秋型 ● 株高3～5cm、株寬5～15cm ● 強

位於植株中央部位，緊密排列成蓮座狀的是冬芽，冬芽終年存在也是修女的一大特色。植株外側緣的葉片即冬芽於生長期長大形成的。綻放黃色花朵，但因為不適應日本的高溫多濕環境，開花情況並不樂觀。夏季宜停止給水，利用親株的側芽進行分株繁殖。

Column —— 3

「單次結實性」多肉植物

市面上的多肉植物多半為多年生草本植物，但部分品種於開花結果後會枯萎死亡。這種一生只開花結果一次的特性，稱為「單次結實性」。例如瓦松屬、龍舌蘭屬、銀鱗草屬和部分鳳梨科的多肉植物都具有這種特色。原生種可以透過種子播種，或者將形成子株的植株分株處理來繁殖。若是單頭（不易形成子株的品種）的情況，可於結花芽前進行砍頭處理（P118），強制讓植株生成子株。

子持蓮華
Orostachys boehmeri

● 春秋型　● 株高3～5cm、株寬5～15cm　● 強

原產於北海道，是花友相當喜愛的品種之一。蓮座狀排列的灰綠色葉片於春季長出走莖，並形成子株，整體外形十分可愛。耐寒也耐熱，能全年置於戶外栽培，但盡量避免多濕環境。可透過扦插法、分株法和播種法繁殖。生長方式類似夏季型。

白銀爪蓮華
Orostachys japonica cv.

● 春秋型　● 株高3～5cm、株寬5～15cm　● 強

照片中的植栽自中國引進，特性和日本原有的「瓦松」相同，十分耐寒也耐熱，生長勢強健。葉片覆有白色粉末，市面上也有體型較大的植栽。從種子發育而來的植栽會有大小差異，另外也可以透過分株法等方式繁殖。

玄海岩蓮華
Orostachys malacophylla
var. *aggregata*

● 春秋型　● 株高3～5cm、株寬5～15cm　● 強

鮮綠色葉片搭配短匍匐莖上形成的子株，群生模樣非常討喜。植栽相當耐寒，冬芽於春季開始發育。取匍匐莖上的子株進行分株法，可以輕鬆繁殖出更多新植株。

長生草屬／Sempervivum

科名：景天科

原產地：歐洲、俄羅斯西北部與中部、巴爾幹半島、土耳其、伊朗、高加索、摩洛哥

具耐寒特性，也由於全年常綠且生長勢強健，因此屬名有「長生不死」的意思。自古深受歐洲人喜愛，因此培育出不少園藝品種。葉色多變，紅色、紫色、綠色、黃色等五彩繽紛，而且葉色還會隨季節改變。生長型為春秋型，夏季應做好防曬和遮雨管理。

伊葛洛（音譯）

Sempervivum 'Aglow'

●春秋型 ●株高3～8cm、株寬5～15cm ●強

葉色隨季節由綠色轉為紅紫色，葉片前端十分銳利。在長生草屬植物中，屬於小型且生長勢強健的交配品種。自走莖上長出子株，由於生長點多，常會分頭形成群生株。可透過分株法或扦插法繁殖。

大紅卷絹

Sempervivum 'O-beni-makiginu'

●春秋型 ●株高3～8cm、株寬5～15cm ●強

「卷絹（*Sempervivum sp.*）系統」的交配種。本品種只有葉尖覆有短毛，體型比「卷絹」大。除高溫季節外，可以時常欣賞美麗的紅葉。可透過分株法或扦插法繁殖。

蛛毛卷絹

Sempervivum arachnoideum cv.

●春秋型 ●株高3～8cm、株寬5～15cm ●強

「卷絹系統」的交配品種。「卷絹」的葉片上覆有白毛，宛如蜘蛛張網，屬於體型較大的品種。走莖上的子株自生成後沒多久就有白毛附著。花色呈粉紅色。可置於戶外栽培，但不耐高溫多濕。可透過分株法、扦插法繁殖。

阿貝雀（音譯）

Sempervivum octopodes ssp.
apetalum

●春秋型　●株高3～8cm、株寬5～15cm　●強

小葉片密集生長，呈幾何學圖形的蓮座狀排列，僅葉片
前端為紅色。在小型長生草屬多肉植物中，這種品種的
走莖最長，約莫可長至30cm以上，而各個小型蓮座狀葉
片的大小約為3cm。可透過分株法、扦插法繁殖。

百惠

Sempervivum 'Oddity'

●春秋型　●株高3～8cm、株寬5～15cm　●強

如種名「Oddity（奇特、怪異）」所示，百惠的葉片捲成
奇特圓柱狀、葉片尖端呈紫黑色且向內凹陷。長生草屬
植物中，有不少外形奇特的品種，但體質相對較差。不
過百惠十分強健，也非常容易栽培。

懷特（音譯）

Sempervivum 'Whitening'

●春秋型　●株高3～8cm、株寬5～15cm　●強

葉片呈紅褐色，覆有白色短毛，紅白對比色十分亮眼，
算是外觀非常漂亮的園藝品種。葉片前端圓潤，營造出
可愛的氛圍。多形成群生狀態。可透過分株法、扦插法
繁殖。

太平洋赫普（音譯）

Sempervivum
'Pacific Hep'

●春秋型　●株高3～8cm、株寬5～15cm　●強

尖銳葉片前端呈黑色，搭配綠色葉片的雙色調是這個品
種的特色。葉色於夏季變淡，葉片數量多且呈幾何學圖
形排列，形成獨特的美麗蓮座狀。容易生成子株並形成
群生狀態。可透過分株法、扦插法繁殖。

太平洋卡森（音譯）

Sempervivum
'Pacific Country Cousin'

●春秋型　●株高3～8cm、株寬5～15cm　●強

紅葉的葉色於入春後慢慢轉淡，這時紅綠雙色調的葉片與粗大的紅色走莖形成對比，鮮豔的色彩十分搶眼。「太平洋（Pacific）系列」的品種有50多種，由美國Gary Gossett所培育的品種群。可透過扦插法、分株法繁殖。

丑角

Sempervivum 'Atroviolaceum Heimlich'

●春秋型　●株高3～8cm、株寬5～15cm　●強

植株於冬季轉成紫褐色，但春季會再從葉緣處慢慢變回綠色。此園藝品種的植株會在春季形成美麗雙色調。多半共生形成群生株。可透過分株法、扦插法繁殖。

丁香時光

Sempervivum 'Lilac Time'

●春秋型　●株高3～8cm、株寬5～15cm　●強

中型品種，糖果色系的紫色葉片非常漂亮，呈蓮座狀排列。低溫期的葉色不會轉為深濃，持續維持淡淡粉嫩色是丁香時光的特色之一。可透過分株法、扦插法繁殖。

阿亞尼（音譯）

Sempervivum globiferum
ssp. *allionii*

●春秋型 ●株高3～8cm、株寬5～15cm ●強

葉片稍微向內彎曲，蓮座狀排列像個扁狀的球體。夏季時植株呈黃綠色，入冬後，紅色葉尖逐漸轉為深濃並慢慢向整個葉片蔓延。容易生出小型子株，進而共生形成群生株。可透過分株法、扦插法繁殖。

藍小孩

Sempervivum
'Blue Boy'

●春秋型 ●株高3～8cm、株寬5～15cm ●強

長生草屬的多肉植物中，藍綠色葉片的品種並不多，因此藍小孩更顯珍奇。細長葉片向外延伸，深紫色葉尖於夏季轉淡。生長勢強健且容易栽培。可透過分株法、扦插法繁殖。

香草雪紡（音譯）

Sempervivum
'Vanilla Schiffon'

●春秋型 ●株高3～8cm、株寬5～15cm ●強

日本培育的曙斑品種。春季長出的新芽和子株上有黃斑，強光照射下散發美麗的粉紅色彩。斑紋顏色會逐漸褪去，入夏後變成綠色。葉緣覆有細小短毛。可透過分株法、扦插法繁殖。

神須草屬 / Jovibarba

科名：景天科

原產地：歐洲、俄羅斯西北部和中部、巴爾幹半島、土耳其、伊朗、高加索、摩洛哥

原屬於長生草屬，但長相略有不同，因此本書將其單獨列為神須草屬做介紹。與長生草屬的不同之處在於沒有走莖、不會多頭生長、花瓣數為6片。原生於阿爾卑斯山等高山，因此十分耐寒，冬季能夠置於戶外栽培。

橘色提普（音譯）

Sempervivum (Jovibarba) heuffelii 'Orange Tip'

● 春秋型　● 株高5～10cm、株寬5～15cm　● 強

長生草屬和神須草屬的多肉植物中，黃色葉片品種特別受到收藏家的青睞，這個品種就是其中之一。春季生長時的顏色最美，葉尖的褐色會於夏季時消失，變回一般綠色。生長點多，常分頭形成群生株。可透過分株法繁殖。

布可林（音譯）

Sempervivum (Jovibarba) heuffelii 'Burgharis'

● 春秋型　● 株高5～10cm、株寬5～15cm　● 強

本品種是無短毛披覆的原生種「神須草（*Jovibarba heuffelii*）」的園藝品種，十分珍貴。葉片披覆短毛，有毛茸茸的質感。綠色葉片隨氣溫上升而轉為深濃，低溫期則轉為紅褐色。可透過分株法繁殖。

多倫多

Sempervivum (Jovibarba)
heuffelii 'Toronto'

●春秋型 ●株高5～10cm、株寬5～15cm ●強
原生種「神須草」系列的園藝品種。與其他品種相比，
紅葉的持續時間比較長，從夏末至梅雨季結束，葉色都
呈紅褐色。葉片較寬，葉緣顏色較淡，葉片前端有細長
尖刺。可透過分株法繁殖。

弗里蒙特（音譯）

Sempervivum (Jovibarba)
heuffelii 'Fremont'

●春秋型 ●株高5～10cm、株寬5～15cm ●強
原生種「神須草」系列的園藝品種。植株呈紅褐色，春
季時從植株中心部位開始變成亮綠色。與其他品種相
比，紅葉轉綠的時間點較早。植株變大時，葉片會變
軟。可透過分株法繁殖。

阿斯特麗德（音譯）

Sempervivum (Jovibarba)
heuffelii 'Astrid'

●春秋型 ●株高5～
10cm、株寬5～15cm ●強
原生種「神須草」系列的
園藝品種。與其他品種相
比，葉片上披覆的毛較
少，而且只有少量白粉分
布。葉片綠中帶紅的情況
較少。不容易分頭生長，
但各個單頭都呈大蓮座狀
排列。可透過分株法繁
殖。

虎耳草屬/Saxifraga

| 科名：虎耳草科 | 日本和名又稱為「雪下屬」，多半原生於北半球較冷的環境。虎耳草屬是個大屬，其中擁有肥厚葉片且耐乾旱的品種被歸類為多肉植物。屬於高山型植物，因此不耐熱，夏季應確實做好防曬和遮雨管理。 |
| 原產地：歐洲、喜馬拉雅山脈、亞洲 | |

●生長型 ●基本尺寸 ●耐寒度

長壽虎耳草

Saxifraga paniculata

●春秋型 ●株高5～8cm、株寬10～15cm ●強

肥厚的硬葉片呈飯匙形狀，十分耐乾旱，葉緣如撒上細砂糖般圍成一圈白色。春季萌發子株，容易形成群生株。管理方式同長生草屬、景天屬，需要多注意夏季的高溫多濕。春季綻放白色花朵，但植株不夠強健的話，可能不容易開花。

長葉虎耳草

Saxifraga longifolia

●春秋型 ●株高5～8cm、株寬10～15cm ●強

葉片呈幾何學圖形交疊，形成獨特的蓮座狀排列。不容易產生子株，多以單頭方式成長。管理方式同長生草屬、景天屬，需要多注意夏季的高溫多濕。春季綻放白色花朵，但植株不夠強健的話，可能不容易開花。

青鎖龍屬/Crassula

科名：	景天科
原產地：	以南非為中心，遍布全世界

青鎖龍屬和景天屬一樣，種類非常多樣化，舉凡常綠性、落葉性、耐熱、耐寒、一年生草本、多年生草本等品種通通都有。特色之一是花瓣小巧玲瓏。生長型態依品種而異，務必仔細觀察，細心照顧。

紅稚兒
Crassula pubescens
ssp. *radicans*

● 春秋型　● 株高5～10cm、株寬5～15cm　● 強

葉色於低溫期會轉紅，是大家比較熟悉的品種。進行移植作業時，葉片容易脫落，但葉插法非常簡單，繁殖量令人意外的多。紅稚兒還以觀花植物而聞名，春季綻放許多白色花朵。

若綠錦
Crassula lycopodioides
variegated

● 春秋型　● 株高5～10cm、株寬8～15cm　● 中

「若綠」的白斑品種。低溫期若有充足日照，葉片會呈粉紅色。植株過高時易傾倒，且植株底部連接土面的部位會發根，需定期修剪並移植換盆。生長緩慢。從植株根部剪掉莖桿，再切成1cm寬撒在土壤上使其自行發根。

小夜衣
Crassula tecta

● 春秋型　● 株高5～8cm、株寬5～8cm　● 中

肥厚葉片表面有白色結晶狀細顆粒，植株似石頭。原生地的小夜衣與周遭的砂礫同化，可免受動物啃食，也有助於減輕強烈紫外線照射。春季綻放白色至淡粉紅色花朵。葉形和花色各異，有數種小夜衣系統流通市面。

紅葉祭
Crassula
'Momiji Matsuri'

● 春秋型　● 株高5～10cm、株寬5～10cm　● 中

體型比「火祭」（P35）小，特色是肥厚肉質葉片呈深紅色。冬季施氮肥易使葉片轉為暗紅色，暫停施肥才能保持葉色鮮豔。夏季綻放白色花朵。可透過扦插、分株法、葉插法繁殖。

銀杯
Crassula hirsta

●春秋型 ●株高5～8cm、株寬10～20cm ●中

銀杯的特色是看不到明顯的莖桿，且細長葉片呈叢生狀態。另外，輪生葉片容易剝取，能夠簡單透過葉插法繁殖。花莖非常細長，花朵分層綻放。春季綻放白色花朵。也可以透過分株法繁殖。

寶貝項鍊
Crassula 'Baby's Necklace'

●春秋型 ●株高5～15cm、株寬3～10cm ●中

橘色搭配綠色的葉片緊密堆疊排列，多呈群生狀態。植株長得過高時容易傾倒，可將盆缽吊掛起來或定期修剪。夏季綻放白色花朵。

火星兔子
Crassula ausensis

●春秋型 ●株高3～8cm、株寬3～8cm ●中

植株呈檸檬綠色，葉尖為橘紅色。生長緩慢。由於是原生種，植株大小因個體而異，從直徑3cm的小型種到直徑8cm的中型種都有在市面上流通。春季綻放白色花朵。可透過分株法繁殖。

茜之塔錦
Crassula capitella variegated

●春秋型 ●株高3～5cm、株寬5～10cm ●中

「茜之塔」的曙斑品種。靠近生長點的新生組織上有斑紋，依溫度和日照量的不同而有粉紅色至黃色的變化。生長速度快，初春是植株最美的時期。之後錦斑顏色褪去，葉色轉為紅綠色。

小天狗

Crassula nudicaulis

● 春秋型 ● 株高10～20cm、株寬10～20cm ● 中

植株特徵是細長軟葉片上覆有白色短毛。如同「銀杯」（P34），看不到明顯的莖。生長速度不快，開花後的子株生成情況不佳，不容易形成叢生狀態。夏季綻放白色花朵。可透過分株法、葉插法繁殖。

小酒窩錦

Crassula pellucida
ssp. *marginalis*
'Little Missy'

● 春秋型 ● 株高1～5cm、株寬5～20cm ● 中

外形與景天屬小酒窩錦相似而曾被誤冠其名流通市面，但青鎖龍屬小酒窩錦的花瓣數和雄蕊數相同。錦斑呈鮮豔的奶油色，低溫期稍微轉為粉紅色，十分可愛。夏季綻放白色花朵。

雨心錦

Crassula volkensii
variegated

● 春秋型 ● 株高3～5cm、株寬10～15cm ● 中

葉上有奶油色外斑，生長速度較「雨心」緩慢。莖桿向外延伸，因屬於半匍匐性，群生株顯得較圓潤。錦斑於低溫期轉為粉紅色。冬季綻放白色花朵，但開花數少。

火祭

Crassula 'Campfire'

● 春秋型 ● 株高5～15cm、株寬5～15cm ● 中

以鮮紅的葉色聞名。可透過葉插法、扦插法輕易繁殖。不太耐寒，長時間置於低溫下，容易因寒害長出黑色斑點，這一點需要特別留意。一旦長出斑點，必須斷水使其保持乾燥。夏季綻放白花。

火祭錦

Crassula 'Campfire Variegated'

● 春秋型 ● 株高5～15cm、株寬5～15cm ● 中

「火祭」的錦斑品種。綠色葉片邊緣有白色外斑。低溫期和日曬下，整體顏色會稍微染紅，但不如「火祭」般鮮紅。可透過葉插法、扦插法輕易繁殖。不太耐寒，需要注意寒害。夏季綻放白色花朵。

心葉青鎖龍

Crassula cordata

●夏季型 ●株高10～30cm、株寬10～20cm ●中

莖桿很長，銀色葉片捲曲生長。葉片於低溫期轉為橘色。花莖上有繁殖體，掉落至土面上即可繁殖。不耐寒，春季～夏季綻放白色花朵。

星王子

Crassula perforata cv.

●春秋型 ●株高5～20cm、株寬5～10cm ●中

整齊的葉片堆疊生長，葉緣呈紅色。生長勢強健，可栽培至大型。生長型雖為春秋型，卻也接近夏季型，夏季葉色轉為鮮紅，色彩的對比非常漂亮。夏季～秋季綻放白色花朵。黃色覆輪斑紋的品種稱為「南十字星」。

數珠星

Crassula rupestris
ssp. *marnieriana*

●夏季型 ●株高5～15cm、株寬3～10cm ●中

特徵是體型小，葉緣圓潤。由於節間短，植株外形像極了烤肉串。在日本，青鎖龍屬系統含交配種在內，有各式各樣的園藝名。春季綻放白色花朵。不同於星王子，數珠星呈叢狀開花，花序開在枝條頂端。

神刀

Crassula falcate

●夏季型 ●株高10～15cm、株寬10～20cm
●中

基本上，青鎖龍屬的葉序是莖桿上有2片葉子對生，但神刀的外形比較特殊，鎌刀狀葉片以幾乎垂直於莖桿的角度左右互生。綻放紅花也算是青鎖龍屬植物中較為罕見的品種。由於容易採集種子，常作為交配用的親本。生長勢強健，開花期為夏季。

花月錦

Crassula ovata variegated

● 夏季型 ● 株高10～
40cm、株寬10～30cm ● 中
「花月」是玉樹（*Crassula ovata*）的園藝名，另有
「翡翠木」、「發財樹」
的別稱。葉片上有錦斑的
品種稱為「花月錦」（白
色刷斑）或「黃金花月」
（黃曙斑），園藝名稱非
常多樣化。紅色葉緣十分
美麗，冬季～初春綻放白
色～淡粉紅色花朵。

筒葉花月（霍比特人）

Crassula ovata 'Hobbit'

● 夏季型 ● 株高10～
40cm、株寬10～30cm ● 中
多數「花月」的變異品種
中，筒葉花月（霍比特人）
是節間比較短的小型種。
長得比較長之後，葉片會
變成如原生種般的扁平模
樣。同樣形狀，但體型較
大的品種稱為「筒葉花月
（咕嚕姆）」，另外也有
容易開花的「櫻筒葉花
月」。冬季～初春綻放白
色～淡粉紅色花朵。

長葉蔓蓮華
Crassula orbicularis 'Rosularis'

●冬季型 ●株高5～10cm、株寬8～20cm ●中

原本是原生種「科索雷斯（音譯，Crassula rosularis）」系統，葉片較薄且較軟。生長速度快，容易形成群生株，小子株也容易開花。花朵盛開時，紅色花莖與白色花朵形成強烈對比色，值得一看。冬季綻放白色花朵。

蔓蓮華
Crassula orbicularis

●冬季型 ●株高3～8cm、株寬5～15cm ●中

嫩綠色且偏硬的葉片呈蓮座狀排列。向外延伸的細長走莖前端長出子株，活潑生動的模樣十分有趣。秋季～冬季綻放白色花朵。可透過扦插法、分株法繁殖。

綠毛星

Crassula sp. Transvaal

●冬季型 ●株高3～5cm、株寬5～10cm ●中

在日本以「南非的川斯瓦原生種」流通於市面。植株於低溫期呈鮮紅色，整體披覆細毛，但非常容易栽培。開花後切掉花莖，有助於植株生長。初春綻放白色花朵。

玉椿
Crassula barklyi

●冬季型　●株高3～8cm、株寬3～8cm　●中

圓錐狀葉片密集生長在一起，沒有明顯的葉緣模樣十分
奇特，植株摸起來滑溜滑溜。綻放於冬季的白花，香味
非常迷人。雖然深受花友喜愛，但不耐高溫多濕，因此
市面上的流通量不大。夏季需置於涼爽處防曬遮陽。可
透過分株法、種子播種法繁殖。

弗吾德（音譯）
Crassula 'Fernwood'

●冬季型　●株高3～5cm、株寬3～8cm　●中

康兔子與蘇珊乃的交配種，種子親本的康兔子所綻放的
花朵散發迷人香氣，因此本品種的花香更甚於親本。初
夏綻放奶油色花朵。冬季型的青鎖龍屬原生種多半不容
易培育，但這個品種相對強健且好照顧。

花椿
Crassula hyb.

●冬季型　●株高3～5cm、株寬3～8cm　●中

親本為「玉椿」，同樣具有迷人花香。是冬季型青鎖龍
屬植物中，開花期最早的品種。容易栽培，但夏季記得
置於通風處管理，並特別留意二點葉蟎的蟲害。冬季綻
放白色花朵。

姬稚兒
Crassula sp. C-1166

●冬季型　●株高3～5cm、株寬3～8cm　●中

長得與「紅稚兒」（P33）很相似，但葉片上覆有短毛，
整體給人毛茸茸的感覺。葉片轉紅時，顏色並不鮮豔，
但整年都非常容易照顧。初春綻放白色花朵。可透過分
株法等方法繁殖。

擬巴

Crassula pseudohemisphaerica

●冬季型 ●株高3～5cm、株寬5～8cm ●中
莖桿短小，近似圓形的扁葉片呈蓮座狀排列。葉片不帶
光澤，通常為單頭生長，但開花後會長出子株。長長花
莖上綻放奶油色花朵，春季開花。可透過葉插法、分株
法、種子播種法繁殖。

呂千繪

Crassula 'Morgan's Beauty'

●冬季型 ●株高3～5cm、株寬5～8cm ●中
「銀箭」和「神刀」（P36）的交配種。紅花緊密生長，
這在青鎖龍屬植物中算是非常珍奇的品種。也有變異種
會開出白色花朵，因此相對於原生種的「紅花呂千
繪」，開出白花的品種稱為「白花呂千繪」。本品種於
初春綻放粉紅色花朵。可透過葉插法、分株法繁殖。

白鷺

Crassula deltoidea

●冬季型 ●株高5～8cm、株寬5～10cm ●中
整體披覆灰色粉末，十分引人注目。葉和莖的質感偏柔
軟，稍微一碰，植株上的粉末可能就會脫落，若要植株
漂亮，就盡可能不要觸摸植株。另外，新芽容易折損，
這一點也要特別留意。可透過分株法、葉插法繁殖。

Column
4

關於多肉植物的生長型

多肉植物的生長隨原生地雨季與旱季的輪替而改
變。雨季時，植株生長旺盛；乾旱時，植株進入
休眠。青鎖龍屬多肉植物之所以分成春秋型、夏
季型、冬季型，全因產地的雨季各有不同的關
係。部分品種是接近夏季型的春秋型，部分品種
是接近冬季型的春秋型，建議購買之前，最好能
先有所瞭解。

銀波錦屬／Cotyledon

| 科名：景天科 |
| 原產地：非洲南部、非洲東部的熱 |
| 帶區、阿拉伯半島 |

葉片表面長有短毛且覆有粉末。雨季過長時，粉末容易脫落，下方葉片也容易掉落，務必特別留意。無法透過葉插法繁殖，但可透過扦插（莖插）或種子播種法繁殖。主要生長型為夏季型，但也有部分品種例外、屬於不耐熱的春秋型。

坎蓓尼爾拉塔（音譯）

Cotyledon campanulata

●夏季型 ●株高10～20cm、株寬8～15cm ●中

整個葉片長有短毛。葉色呈綠中帶黃，葉片尖端鑲有紅邊。莖桿容易長得過長，需要定期移植換盆。可透過扦插法、分株法、種子播種法繁殖。春季～夏季綻放黃色花朵。

熊童子

Cotyledon tomentosa ssp. *ladismithiensis*

●春秋型 ●株高3～15cm、株寬5～10cm ●中

這個品種深受花友喜愛，但生長緩慢、不耐高溫多濕，因此市面上的流通量不大。葉片上有黃斑的品種稱為「熊童子錦」。植株和花瓣上都長有短毛。夏季～秋季綻放淡橘色花朵。可透過扦插法繁殖。

伽藍菜屬 / Kalanchoe

科名：景天科

原產地：南非、東非、阿拉伯半島、東亞、東南亞

伽藍菜屬的多數品種都具有葉片對生的特徵。具柔軟質感的葉片、大面積的葉片、呈羽狀裂的葉片等等，各式各樣獨特形狀的葉片都有。生長型為夏季型，多半可透過葉插法、扦插法、分株法輕鬆繁殖。多數品種在短時間內會結出花芽，並於冬季綻放。

福兔耳
Kalanchoe eriophylla

● 夏季型　● 株高10～15cm、株寬10～20cm　● 中

整株披覆白毛，具有如毛氈般的柔軟質感。葉片柔軟，節間距離較長，植株長大後會稍微爆盆生長。可透過扦插法、分株法繁殖，但在伽藍菜屬植物中，福兔耳的發根速度偏慢。冬季綻放淡粉紅～白色花朵。

月兔耳
Kalanchoe tomentosa

● 夏季型　● 株高5～30cm、株寬10～15cm　● 中

覆有白毛的葉片上有褐色斑紋。除原生種，還有「野兔耳、黑兔耳、巧克力兔耳」等具個體差異的族群與品種在市面流通。冬季綻放白色花朵，但若植株不夠強健可能不會開花。可透過葉插法、扦插法、分株法繁殖。

鹿角雙飛蝴蝶

Kalanchoe synsepala var. *dissecta*

● 夏季型　● 株高5～20cm、株寬10～30cm　● 中

是雙飛蝴蝶的變種。肥厚肉質葉片，深裂葉上有褐色滾邊。長長走莖尖端於生長期長出子株，於冬季結花芽。冬季綻放白色～粉紅色花朵。可透過分株法、扦插法繁殖。

唐印錦

Kalanchoe luciae
variegated

●夏季型 ●株高5〜15cm、株寬10〜30cm ●中

為唐印的錦斑變異品種。引進時種小名為*thyrsiflora*。植株於低溫期變紅，有覆輪斑與中斑之分，後者生長緩慢。冬季綻放白色花朵。可透過扦插法、分株法繁殖，但無法透過葉插法繁殖。

唐印

Kalanchoe tetraphylla

●夏季型 ●株高5〜10cm、株寬8〜15cm ●中

乍看很像卵圓形葉片的雙飛蝴蝶，但植株整體覆有帶黏性的短毛，體型不大。在低溫且充足陽光照射下，植株會變紅。冬季綻放奶油色〜淡粉紅色花朵。可透過扦插法、種子播種法繁殖。

香長壽

Kalanchoe 'Kewensis'

●夏季型 ●株高10〜40cm、株寬10〜20cm ●中

英國邱園（*Kew Gardens*）的培育品種，據說親本為*Kalanchoe glaucescens*×*Kalanchoe bentii*。特徵是獨具個性的深裂狀葉片。葉片呈綠色，但低溫期會轉為紅褐色。隨植株逐漸長高，需定期摘心與移植換盆。冬季綻放紅花。

蝴蝶之舞錦

Kalanchoe laxiflora variegated

●夏季型 ●株高5〜30cm、株寬3〜20cm ●中

低溫期的蝴蝶之舞錦在陽光照射下，葉片會轉為美麗的粉紅色，搭配奶油色的覆輪斑紋。原本是大量共生的類型，但栽種於盆缽裡時，由於分枝少，必須定期摘心和移植換盆，才能維持美麗外形。若長出沒有斑紋的新芽，可於修剪時將新芽剪掉。冬季綻放淡橘色花朵。

圓葉長壽花錦

Kalanchoe rotundifolia
variegated

●夏季型 ●株高5～40cm、株寬3～10cm ●中
種小名*rotundifolia*有「圓形葉片」的意思。別名小蝴蝶
錦。鮮豔嫩綠色的葉片上有奶油色的覆輪斑，低溫期會
轉為粉紅色。莖桿容易長得非常長。冬季綻放橘色花
朵。可透過扦插法繁殖。

千兔耳

Kalanchoe millotii

●夏季型 ●株高5～20cm、株寬5～10cm ●中
特性大致與「月兔耳」（P42）相同，生長勢強健。葉片
覆有細毛，如毛氈般柔軟。植株長大後，莖桿與枝條會
木質化，建議適時移盆栽種。冬季綻放白色花朵，但開
花數量不多。可透過葉插法、芽插法、分株法繁殖。

朱蓮

Kalanchoe sexangularis

●夏季型 ●株高10～40cm、株寬10～20cm ●中
生長快速，雖然分枝少，但通常會長得很高，需要定期
移植換盆。葉片平時呈綠色，但低溫期會轉為紅色。冬
季綻放黃色花朵。

天錦章屬 / Adromischus

科名：景天科

原產地：南非、納米比亞共和國

屬於小型品種，葉形、葉色、斑紋極具特色。生長點冒出花芽，開花後從側枝處長出分枝，植株通常不會太高，容易形成群生株。由於下方葉片容易摘取，多數品種都透過葉插法繁殖，市面上甚至能單獨買到葉片。

絲葉天章

Adromischus filicaulis

●春秋型 ●株高10cm、株寬10cm ●中
形成花芽後，生長點停止生長，並促使分枝形成。同樣是絲葉天章種，但依產地的不同，部分品種的莖桿長、部分品種的葉片呈圓形，外觀各有不同。不定期綻放奶油色花朵。可透過葉插法、分株法繁殖。

神想曲

Adromischus cristatus var. clavifolius

●春秋型 ●株高5～15cm、株寬5～10cm ●中
這個品種比較普及，也比較容易栽種。葉片細長，葉末端微平。植株莖桿上布滿褐色的毛狀氣根。不定期綻放奶油色～淡褐色花朵。可透過葉插法、分株法、扦插法繁殖。

福餅

Adromischus triflorus

●春秋型 ●株高3～5cm、株寬5～10cm ●中
整齊的葉片呈圓形，肉質葉片上布滿深色散斑。小型系統的下方葉片容易摘取，雖然無法培育成大型群生株，但容易透過葉插法、分株法、扦插法繁殖。

冷水麻屬、椒草屬 / Pilea, Peperomia

科名：胡椒科	主要原產於熱帶地區，生長型為夏季型或春秋型。胡椒科中的多肉植物就只有冷水麻屬、椒草屬這2種屬。葉片的形狀五花八門，還有不少種類的部分葉片呈半透明狀。也有越來越多品種以觀葉植物之名流通於市面上。
原產地：熱帶、亞熱帶（南美的北部、美國中央）	

鏡面草

Pilea peperomioides

●夏季型 ●株高10～20cm、株寬10～20cm ●中

冷水麻屬多肉植物。地下莖長，常形成群生株。種小名*peperomia*的意思是「類似胡椒」。原產地為中國，圓形葉片再加上葉柄盾狀著生，很像古代仙人的鏡子，因此取名為鏡面草。另外，也因為葉片外觀看似硬幣，在國外也另有「Chinese money plant」的名稱。不定期綻放綠色花朵，花小不起眼。

露鏡

Pilea globosa

●春秋型 ●株高3～10cm、株寬5～10cm ●中

冷水麻屬多肉植物。是少數不喜日照的多肉植物之一。葉片平時呈綠色，但照片為轉紅葉時的葉色。露鏡具透明感，也被稱為「天使之淚」。最大特徵是圓潤葉片背面是透明的。可透過扦插法、種子播種法繁殖。不定期綻放紅色花朵，花小不起眼。

刀葉椒草
Peperomia ferreyrae

● 春秋型　● 株高5～20cm、株寬3～15cm　● 中
椒草屬多肉植物。葉片細長，上方葉面凹陷處呈半透明
狀。生長速度快，生長勢強健，喬木狀的外形十分帥
氣。置於日照不足處，株型鬆散且脆弱；置於日照充足
處，株型挺拔強壯。不定期綻放綠色花朵。可透過扦插
法等繁殖。

薄荷葉椒草
Peperomia pecuniifolia

● 夏季型　● 株高5～10cm、株寬10～30cm　● 中
椒草屬多肉植物。肉質葉片既圓潤又肥厚。會長出具匍
匐性的長莖，建議將植株栽種於大型吊掛盆中。不定期
綻放綠色花朵。可透過扦插法、分株法繁殖。

塔椒草
Peperomia columella

● 春秋型　● 株高5～10cm、株寬3～10cm　● 中
椒草屬多肉植物。直立莖上長出半透明葉窗構造的葉
片。雖為小型種，但形成群生株後，整齊排列的葉片非
常逗趣。於開花後停止生長，因此植株生長狀況不佳
時，務必剪掉不良枝。不定期開花，花苞結於紅色花莖
上。可透過扦插法、分株法繁殖。

仙人掌村椒草
Peperomia 'Cactusville'

● 春秋型　● 株高5～10cm、株寬3～15cm　● 中
椒草屬多肉植物。類似塔椒草系統，但仙人掌村椒草的
生長速度快，比較容易照顧。別名山城莉椒草、小葉斧
葉椒草。不定期綻放綠色花朵。

紅椒草
Peperomia graveolens

● 春秋型　● 株高5～15cm、株寬5～15cm　● 中
椒草屬多肉植物。種小名有花會「散發臭味」的意思，
也有人說將葉片揉碎後有股臭味，但其實沒有什麼強烈
的味道。具有椒草屬多肉植物的獨特葉形，葉片彎曲且
中央向內凹，另外，最大特徵就是葉片背面呈紅色。

十二卷屬（鷹爪草屬）/ Haworthia

科名：黃脂木科（阿福花科）	分成軟葉系和硬葉系。一般而言，軟葉系生長力較旺盛。部分品
原產地：南非、納米比亞共和國	種葉片表面有半透明「葉窗」，可愛模樣吸引不少花友。不少古典園藝迷獨鍾十二卷屬多肉植物，甚至願花數十萬交易一株心愛的多肉植物。學名常依命名的學者而不同。建議定期移植換盆。

刺玉露
Haworthia cooperi var. pilifera

●春秋型　●株高3～10cm、株寬5～15cm　●中

葉片上半部有半透明的葉窗，是十二卷屬軟葉系的代表之一。置於光線充足但陽光不直射、濕度高的環境下，葉窗會更顯透明。春季至秋季綻放樸素低調的花朵。可透過分株法、葉插法繁殖。

刺玉露錦
Haworthia cooperi var. pilifera variegated

●春秋型　●株高5～10cm、株寬5～10cm　●中

植株布滿白色糊斑。要特別注意的是，若置於日曬強烈的地方恐會造成植株停止生長，葉片灼傷。但為了避免妨礙葉片生長，適度防曬管理即可。葉插繁殖的成功率低，可透過分株法繁殖。

歌別夫人
Haworthia pulchella

●春秋型　●株高3～10cm、株寬3～10cm　●中

細長的鮮綠色葉片上有淡淡的網狀脈紋。生長速度快，容易形成群生株。由於是原生種，市面上的歌別夫人大小不一，圖片為群生成巨蛋形狀的系統。可透過分株法繁殖。

寶草（京之華）
Haworthia cana (H.cymbiformis)

●春秋型　●株高3～5cm、株寬3～5cm　●中

生長速度不快，照片中為全年呈淡粉紅色的京之華優良系統。與一般京之華相比，這個品種的葉尖成鈍角，給人俐落的感覺。可透過葉插法、分株法繁殖。

姬壽

Haworthia retusa cv.

● 春秋型　● 株高5～10cm、株寬3～5cm　● 中

比一般的「壽（*Haworthia retusa*）」再小型一些，因此園
藝名稱為姬壽。生長勢強健，容易栽培，也容易形成群
生株。葉片呈鮮綠色，中央部位更顯明亮，半透明的葉
尖有條狀花紋。可透過分株法繁殖。

鏡球

Haworthia 'Mirror Ball'

● 春秋型　● 株高3～5cm、株寬5～10cm　● 中

是刺玉露的交配品種，體型小。常以群生株形態生長。
葉片呈深綠色，葉尖部位呈三角形鼓起，稜邊長滿小
刺。複雜的葉片姿態是鏡球的一大特色。部分品種呈單
一鮮綠色，部分品種帶有粉紅色。

拉許（音譯）

Haworthia 'Gold Rush'

● 春秋型　● 株高5～10cm、株寬8～12cm　● 中

「壽」系列且帶有曙斑的園藝品種。新芽上有黃色斑
紋，新生葉片呈檸檬綠色。和「壽」品種一樣，葉尖有
條狀花紋，由於是群生株，可透過分株法繁殖。

白帝城

Haworthia 'Hakuteijou'

● 春秋型　● 株高3～8cm、株寬5～10cm　● 中

據說交配親本為「萬象」（P53），葉片偏硬，生長緩
慢。深綠色葉片與白色半透明的葉尖形成強烈對比，十
分搶眼。葉尖質地微粗。可透過分株法等繁殖。

公主裙
Haworthia 'Princess Dress'

●春秋型 ●株高5～10cm、株寬5～15cm ●中
葉片背部有葉窗,是透明度極高的園藝品種。葉尖邊緣長有白色細毛。多為單頭生長,少有子株。葉形和植株形狀整齊,若使其苗壯成長,植株外形會相當漂亮。可透過葉插法繁殖。

菊日傘
Haworthia 'Kikuhigasa'

●春秋型 ●株高3～8cm、株寬5～8cm ●中
是日本自古就有的園藝品種。葉片細長,環狀排列呈蓮座形,在十二卷屬植物中,算是非常獨特的形狀。葉色為明亮的鮮綠色。生長勢強健,容易栽培,常形成群生株,可透過分株法繁殖。

皇帝玉露
Haworthia 'Emperor'

●春秋型 ●株高3～8cm、株寬5～15cm ●中
「刺玉露」(P48)系統的大型品種。深綠色的葉片邊緣有小刺,不容易長出子株。植株狀況佳時,在太陽照射下,葉片半透明部分呈綠色的漫反射,非常漂亮。

銀雷
Haworthia pygmaea

●春秋型 ●株高3～5cm、株寬5～10cm ●中
葉片表面長有白色短毛,低溫期於陽光照射下呈淡粉紅色。銀雷有各種系統與品種,毛長和顏色依品種而異。摸起來有刺刺的感覺,微硬的葉片呈綠色,但不鮮豔。

西瓜壽
Haworthia magnifica var. *atrofusca*

●春秋型 ●株高3～8cm、株寬5～10cm ●中
深綠色的葉片會轉紅。特徵是葉片上沒有短刺,十分光滑。變種名「*atrofusca*」有暗紅色的意思,植株在強烈陽光照射下會轉變成紅色。在十二卷屬植物中,屬於需要日照的品種,建議不要過度防曬。可透過分株法繁殖。

壽

Haworthia emelyae

● 春秋型　● 株高3～5cm、株寬8～15cm　● 中

葉片呈平面狀，原生地的「壽」僅葉尖部位突出於地面上，植株本身埋於土裡。半透明的葉面上有線狀條紋，在強烈陽光照射下呈紅色。市面上的「壽」大小不一，通常線條粗且紋路細緻的植株比較受歡迎。

美吉壽

Haworthia emelyae
var. major

● 春秋型　● 株高2～3cm、株寬8～12cm　● 中

雖有個體差異，但多數美吉壽都如照片所示是全年帶灰的暗紅色。葉片長，整體呈鋸齒狀，葉片前端尖銳且呈半透明狀。另有「微米壽」的譯名。可透過分株法、葉插法、種子播種法繁殖。

康平壽

Haworthia emelyae
var. comptoniana

● 春秋型　● 株高3～5cm、株寬8～15cm　● 中

相對於「壽」的葉片花紋都是純線條，康平壽的葉片紋路呈細網狀。葉片紋路的纖細度、顏色配置、葉窗和植株大小決定個體的價值。葉片顏色偏深。可透過分枝法、葉插法繁殖。

龍鱗

Haworthia tessellata

● 春秋型　● 株高3～5cm、株寬5～8cm　● 中

種名有「馬賽克狀」的意思。如園藝名所示，葉面上有龍鱗般的白色花紋。植株發育良好時會長出地下莖，於前端形成子株。依葉窗形狀、配色不同，市面上可看到數種不同系統。葉插法不易成功，可透過分株法繁殖。

靜鼓
Haworthia 'Kegani'

●春秋型 ●株高3～10cm、株寬5～10cm ●中

植株整體呈褐色，葉面長有短毛，摸起來粗粗的。植株強健時，會形成有趣的半球體狀群生株。葉片稍硬，生長速度不慢。可透過分株法、葉插法繁殖。

瑞鶴
Haworthia marginata

●春秋型 ●株高5～15cm、株寬5～20cm ●中

葉片寬，綠中帶灰的葉色，是形態端正又美麗的原生種。肥厚肉質葉片屬於硬葉系，生長緩慢。同種的選拔品種「白折鶴」，葉緣有筆直的白紋。不容易透過葉插法繁殖，可考慮分株法繁殖。

十二之卷錦
Haworthia attenuata variegated

●春秋型 ●株高5～10cm、株寬5～10cm ●中

「十二之卷」的白糊斑品種，葉色為亮麗的檸檬綠，但新芽呈白色，看起來更明亮搶眼。屬於硬葉系，生長緩慢。葉片前端容易灼傷，應做好防曬管理。可透過分株法繁殖。

十二之卷
Haworthia attenuata

●春秋型 ●株高5～10cm、株寬5～10cm ●中

十二卷屬植物中的硬葉系代表，特徵是葉背有橫條花紋。十二卷屬還有其他好幾個品種，這是其中通稱「Wide Band」白色粗橫紋的品種，但日本原生種的白橫紋比較細。可透過分株法繁殖。

萬象

Haworthia truncata
var. *maughanii*

● 春秋型　● 株高3～8cm、株寬5～10cm　● 中

在原生地的「萬象」只有葉窗部分突出於地面上，植株本身埋於土裡。即便是同樣品種，體型大且花紋明顯的植株相對值錢，有些甚至可以賣到數十萬日圓。生長緩慢，從幼苗長大至親本株後可以進行交配，但需要將近10年的時間。

玉扇

Haworthia truncata

● 春秋型　● 株高3～8cm、株寬5～10cm　● 中

基本特徵與「萬象」相同，但從側面觀看時，植株形狀像把扇子。葉表面呈半透明的鏡片狀。部分外形佳的玉扇系統價值不菲。生長速度比「萬象」快，可透過分枝法、葉插法、根插法繁殖。

綠玉扇

Haworthia 'Lime Green'

● 春秋型　● 株高3～8cm、株寬5～10cm　● 中

「玉扇」系列的交配種。如品種名所示，明亮的檸檬綠葉色十分搶眼。生長速度快，通常從外側葉片開始枯萎、從葉片中央部位長出子株，可透過分枝法繁殖。

毛牡丹

Haworthia arachnoidea var. *setata*

● 春秋型　● 株高8～10cm、株寬5～10cm　● 中

細長葉片的邊緣長滿白色纖維般的柔軟突起。葉片前端有橘色爪子，植株強健時，整體呈球狀。生長緩慢，由於體質不夠好，需要多留意高溫多濕。「毛牡丹」是數種學名中的一種。

蘆薈屬／Aloe

科名：黃脂木科（阿福花科）

原產地：非洲、馬達加斯加島、阿拉伯半島、索科特拉島、馬斯克林群島

特徵是充滿陽剛氣息的外形，深受男性花友喜愛。生長型為夏季型，多數品種的生長勢都十分強健。原產地的原生種小至5cm，大至10m以上，品種相當多樣化。多數品種可透過分株法繁殖，但原生種的種子容易取得，大家可以試著挑戰從播種開始。

月舞
Aloe 'Moondance'

●夏季型 ●株高10～15cm、株寬10～15cm ●中

偏白葉片上有綠色散斑。淺淡配色十分美麗，屬於美國栽培的「戴爾波利迪丹娜（音譯，*Aloe deltoideodonta*）系統」的交配品種。可透過分株法繁殖，雖亦可種子播種，但新生株難以重現原有斑紋。春季～夏季開橘花。

拉斐茲（音譯）
Aloe 'Lime Fizz'

●夏季型 ●株高10～15cm、株寬10～15cm ●中

綠色葉片表面與邊緣有無數橘色突起。屬於美國栽培的「戴爾波利迪丹娜（音譯，*Aloe deltoideodonta*）系統」的交配品種。以這個系統的品種來說，從種子開始培育相對簡單，因此市面上常見各式各樣的交配種。

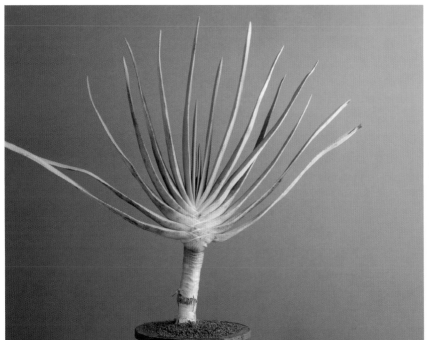

摺扇蘆薈
Aloe plicatilis

●夏季型 ●株高10～50cm、株寬8～30cm ●中

葉片呈扇形排列，備受花友喜愛，是樹形蘆薈的代表品種之一。生長緩慢，1年大約只長2cm。喜日照，置於室內當擺設時，盡量放在曬得到太陽的地方。春季綻放橘色花朵。可透過扦插法、種子播種法繁殖。

聖誕卡羅
Aloe 'Christmas Carol'

●夏季型 ●株高10～15cm、株寬10～15cm ●中

深色葉緣上有規則排列的紅色突起，葉片表面上也有一些。屬於美國栽培的「戴爾波利迪丹娜（音譯，*Aloe deltoideodonta*）系統」的交配品種。光線微弱時，葉片無法轉成明亮的紅色，建議置於日照充足的地方。可透過分株法繁殖。

千代田錦
Aloe variegata

●夏季型 ●株高8～15cm、株寬5～15cm ●中

翠綠色葉片搭配白色葉緣。葉片表面有白色斑紋，對比色彩十分引人注目。由於葉紋像斑馬條紋，別名「斑馬蘆薈」。體型不大，初春綻放橘色花朵，深受花友喜愛。

美紋蘆薈
Aloe ibitiensis

●夏季型 ●株高15～30cm、株寬10～30cm ●中

原產於馬達加斯加島。在蘆薈屬植物中算是中型品種，翠綠色葉片搭配縱向花紋，給人十足的清新感。生長緩慢，幼小植株的葉片細長，長大後逐漸變寬。初春綻放淡橘色花朵。可透過分株法、種子播種法繁殖。

羅紋錦
Aloe ramossissima

●夏季型 ●株高15～60cm、株寬10～40cm ●中

屬於喬木狀蘆薈。跟「皇璽錦」很相似，但相對於「皇璽錦」不會分枝成樹形，羅紋錦自小就開始長枝條。原產於南非至納米比亞共和國。

不夜城錦
Aloe nobilis variegated

●夏季型 ●株高10～20cm、株寬10～15cm ●中

「不夜城（*Aloe nobilis*）」是常見於舊民宅屋簷下的大型品種，生長勢十分強健，但照片中是錦斑變異品種「不夜城錦」。檸檬綠的葉片搭配奶油色斑紋，十分搶眼。可以採取種子播種，但新生株多半沒有原本的斑紋。可透過分株法繁殖。

拿鐵（音譯）

Aloe 'Latte'

●夏季型 ●株高10～15cm、株寬10～15cm ●中
屬於美國所栽培出的「戴爾波利迪丹娜（音譯，*Aloe deltoideodonta*）系統」的交配品種。褐色葉片上有同色系的突起，摸起來粗粗的。品種的取名來自葉片顏色，特徵是葉片前端變細、變尖。可透過分株法繁殖。

綠花蘆薈

Aloe bowiea

●夏季型 ●株高10～15cm、株寬5～15cm ●中
在蘆薈屬植物中算是珍奇品種，特徵是植株底部鼓起，因此也稱為「塊根蘆薈」。其他像是球根蘆薈、龍山等也都是有名的塊根蘆薈。葉片細長，容易從前端開始枯萎。花朵呈綠色，較不起眼，多半於夏季綻放。

珊瑚脊

Aloe 'Coral Edge'

●夏季型 ●株高10～15cm、株寬10～15cm ●中
屬於美國所栽培出的「戴爾波利迪丹娜（音譯，*Aloe deltoideodonta*）系統」的交配品種。葉片呈蓮座狀排列，綠色葉緣與表面長有深橘色突起物。花莖又長又粗，綻放橘色花朵。可透過分株法繁殖。

波斯札塔（音譯）
Aloe prostrata
(Lomatophyllum prostratus)

●夏季型 ●株高5～15cm、株寬15～40cm ●中
相對於結蒴果（果皮於成熟後裂開）的品種，結漿果（果皮
不裂開）的品種以前歸類為穗百合屬。多於夏季綻放橘色
花朵。植株全年呈褐色，葉片薄，不因植株變大而折
葉。

俏蘆薈錦
Aloe jucunda
variegated

●夏季型 ●株高3～8cm、株寬5～10cm ●中
俏蘆薈是索馬利亞原產的小型蘆薈。俏蘆薈錦的特徵是
葉片上有黃色曙斑，但會隨著生長而消失。植株帶有白
斑點，斑點顏色隨季節、環境而改變。可透過分株法繁
殖。

雜交蘆薈
Aloe hybrid

●夏季型 ●株高10～25cm、株寬10～15cm ●中
是原生種「索馬里系統（*Aloe somaliensis*）」的交配品種。形狀類似「翡翠
殿」（*Aloe juvenna*），但葉片呈水平狀且葉片前端微捲。葉面上有白色斑
點，可透過分株法繁殖。

厚舌草屬 / Gasteria

科名：	黃脂木科（阿福花科）
原產地：	南非、納米比亞共和國

與蘆薈屬有近緣關係。多為沒有莖的種類，特徵是肉質葉片互生或呈放射狀排列。市面上流通的植株多為小型種，而且生長緩慢。生長型為夏季型，屬名有「胃」的意思，形容花與胃的形狀相似。花朵普遍較為華麗。

白雪姬
Gasteria glomerata

●夏季型 ●株高3～8cm、株寬5～15cm ●中
特徵是綠中帶白的葉色，若置於多濕環境中，葉片容易長出黑色斑點，盡量擺放在通風良好處。在厚舌草屬植物中，花朵算是特別圓的品種。春季～夏季不定期綻放橘色花朵。可透過葉插法、分株法繁殖。

洛林茲奈（音譯）
Gasteria rawlinsonii

●夏季型 ●株高5～20cm、株寬8～20cm ●中
生長於原生地的懸崖上，植株懸掛於岩壁。莖桿若持續生長，終至傾倒，建議每隔數年進行摘心等修剪工作。這個品種可分為葉片對生系統和螺旋狀排列系統。是厚舌草屬植物中唯一無法透過葉插法繁殖的品種。

小沃里（音譯）
Gateria 'Little Warty'

●夏季型 ●株高8～20cm、株寬5～15cm ●中
是厚舌草屬植物中生長速度較快且生長勢強健的交配品種，葉片呈扇形向左右兩側生長。葉面上有點狀小突起，品種名有「小疣狀物」的意思。可透過葉插法、分株法繁殖。

臥牛
Gasteria armstrongii

●夏季型 ●株高3～5cm、株寬5～10cm ●中

小型品種，粗糙葉片向兩側交疊對生。生長緩慢，多半透過種子繁殖，其中名為「不倒翁型」的品種，葉片較短且寬。春季綻放淡橘色花朵。可透過種子播種、葉插法、分株法繁殖。

颯颯之松
Gasteria 'Zazanza-no-matsu'

●夏季型 ●株高3～8cm、株寬5～15cm ●中

自古就有的小型園藝品種。葉片上有大大的白色斑紋，這使葉片看起來就像是白色的。常聚集生長形成群生株。光線強烈時，部分白斑變成美麗的粉紅色。不容易開花。可透過分株法、葉插法繁殖。

暴風雪
Gasteria carinata
'Snow Storm'

●夏季型 ●株高5～10cm、株寬5～10cm ●中

與一般的「大牛舌（*Gasteria carinata*）」相比，暴風雪是葉片上有白色大點狀花紋的園藝品種。暴風雪的葉片較為細長，表面光滑，外觀看起來有點像是「大麥町犬」。可透過葉插法、分株法繁殖。

黑鶯囀
Gasteria batesiana 'Kokuouten'

●夏季型 ●株高10～15cm、株寬10～20cm ●中

葉片細長，摸起來粗粗的。一般「春鶯囀（*Gasteria batesiana*）」的葉面上有深綠色與淺綠色的花紋，而黑鶯囀的特徵是在強烈陽光照射下，植株整體呈現深綠色。花瓣稍長，於春季綻放粉紅色與綠色的雙色花朵。

大戟屬（含翡翠木屬）/ Euphorbia

科名：大戟科

原產地：全世界（非洲與馬達加斯加島最多）

大戟屬分布於全世界，但歸類為多肉植物的只有外形為柱狀、球狀、灌木狀、塊莖狀，以及樹枝如章魚般生長等5種。柱狀多肉植物多半帶刺，白色汁液若噴灑至眼睛等黏膜，容易引起發炎，請務必多加留意。依照目前的分類，翡翠木屬也歸類為大戟屬。

姬麒麟
Euphorbia submamillaris

●夏季型 ●株高3～10cm、株寬5～15cm ●中

原生品種之一，星狀葉片密集生長形成群生。澆水時，長出新芽處要保持乾燥，否則容易腐爛。建議置於較為乾燥的環境下管理。可透過分株法、扦插法繁殖。

娜娜（音譯）
Euphorbia pulvinata 'Nana'

●夏季型 ●株高3～8cm、株寬3～15cm ●中

不確認是否為笹蟹丸品種，但生長速度快且生長勢強健。植株整體呈球狀，球頂長出細長葉片，外形十分有趣。品種名'Nana'是「矮性」的意思。植株排列整齊，容易形成群生株。可透過扦插法繁殖。

笹蟹麒麟
Euphorbia 'Sasagani-kirin'

●夏季型 ●株高5～10cm、株寬5～15cm ●中

這是日本自古就有的交配品種。生長緩慢，但生長勢強健。葉片於冬季脫落並進入休眠期。基部肥大，屬於多肉中的塊莖植物。葉片基部有突起狀，外觀十分有趣。可透過扦插法繁殖。

九頭龍
Euphorbia inermis

●夏季型 ●株高5～8cm、株寬10～20cm ●中

植株長出章魚腳般的枝條，也因為柱狀分枝像龍爪而取名為九頭龍。柱狀分枝隨植株變大而變多，外形十分霸氣。建議置於日照充足的地方管理以免枝條徒長。主要透過種子播種法繁殖。

萬代

Euphorbia meloformis ssp. *valida*

●夏季型 ●株高5～10cm、株寬5～15cm ●中

球狀大戟屬多肉植物。看似是刺的橘色部位，其實是花莖，頂端會開花。雌雄異株，若要透過播種法繁殖，必須同時有雄株和雌株才行。通常為單頭生長，不容易形成群生株。市面上的植株多半透過種子播種而來。

琉璃晃

Euphorbia suzannae

●夏季型 ●株高5～10cm、株寬5～15cm ●中

球狀表面長滿刺刺的突起物，外形像毬栗。幼苗時即長出突起物，縱向生長形成群生，成熟的植株上端會長出子株。可透過扦插法、種子播種法繁殖，但由於雌雄異株，不容易採集種子。

密刺麒麟

Euphorbia baioensis

●夏季型 ●株高5～15cm、株寬3～10cm ●中

外觀類似柱狀仙人掌，細長的莖上長滿細刺。植株長大後，莖桿因自身重量而傾倒，並於傾倒處長出分枝，進而形成群生株。修剪可促使植株分枝。可透過扦插法繁殖。

白樺麒麟

Euphorbia mammillaris variegated

●夏季型 ●株高5～20cm、株寬3～15cm ●中

自古就存在的白色錦斑品種。通常有白斑的品種大多生長慢，體質也較虛弱，但白樺麒麟例外。植株上端看似是刺的部位是花莖。「玉麟鳳（*Euphorbia mammillaris*）」是雌雄異株，但白樺麒麟為雌株。可透過扦插法繁殖。

魁偉塔
Euphorbia horrida var. *noorveldensis*

●夏季型 ●株高5～15cm、株寬5～15cm ●中

種小名「*horrida*」有「剛毛狀」的意思，因此植株的最大特徵是堅硬的刺狀突起。如同「萬代」（P61）品種，這些突起物是硬質化的花莖。市面上流通的植株，外觀依系統而有些許不同。這個品種的葉色翠綠，突起部分也較長，生長速度比白色系統快。

魁偉玉石化
Euphorbia horrida crested

●夏季型 ●株高5～8cm、株寬5～10cm ●中

「魁偉玉」的石化品種（生長點突變成生長線）。眾多「魁偉玉」的突變品種中，石化種不帶刺，外觀較獨特。生長緩慢，可透過分枝法繁殖。植株看起來像是硬梆梆的小黃瓜。

銀角珊瑚
Euphorbia stenoclada

●夏季型 ●株高10～60cm、株寬5～40cm ●中

葉色明亮，直立莖上長出鋸齒狀葉片。葉片前端又尖又硬，因特殊外觀也被稱為「鹿角珊瑚」。市面上也另外有名為「銀角珊瑚錦」的錦斑品種。主要透過扦插法繁殖。

逆麟龍
Euphorbia tuberculata

●夏季型 ●株高10～15cm、株寬8～15cm ●中

植株的莖桿像章魚腳般延伸。置於日照充足的場所且仔細控管給水，有助於枝條向上生長，讓植株外形更挺拔。可透過種子播種法、扦插法繁殖。

晃玉雜交種
Euphorbia obesa hybrid

● 夏季型 ● 株高5～10cm、株寬5～15cm ● 中

晃玉是大戟屬植物中的球狀代表品種。這個品種的種子
親本是晃玉，但花粉親本不明。雖然引自歐洲，但日本
原本就已經有不少晃玉系統。在日本，這個品種也以
「*Euphorbia obesa*'Obesa blow'」之名流通於市面上。可透
過扦插法繁殖。

子吹晃玉
Euphorbia obesa monstrose

● 夏季型 ● 株高5～10cm、株寬5～15cm ● 中

球狀單頭生長，是原生種「晃玉」的突變品種。這邊的
突變指的是植株上長出許多不定芽，形成許多子株。市
面上另外有同樣是突變品種的「子吹神玉」。可透過子
株的扦插法繁殖。

猛麒麟
Euphorbia ferox

● 夏季型 ● 株高10～20cm、株寬5～10cm ● 中

針狀突起是花莖。形狀類似「紅彩閣」（P65）品種，但
體型較大，刺狀突起也較長。市面上流通的多為種子培
育種，個體大小不一。主要透過扦插法繁殖。

春駒
Euphorbia pseudocactus

● 夏季型 ● 株高10～30cm、株寬5～15cm ● 中

種小名有「形似仙人掌」的意思。翠綠色葉片上有檸檬
綠的花紋。在原生地能密集生長成高1m、寬2m左右的群
生株，但市面上流通的多半是栽種於盆缽裡的小型種。
春季綻放黃色花朵。可透過扦插法、種子播種法繁殖。

亞狄麒麟錦
Euphorbia abdelkuri
'Damask'

●夏季型 ●株高5〜20cm、株寬3〜10cm ●中
大戟屬植物中的珍奇品種，特徵是方正柱狀體的形態。
亞狄麒麟錦是錦斑品種，原為英國的園藝栽培種。原生
種生長緩慢，不容易照顧，錦斑品種可透過嫁接法繁殖
（圖片中綠色部分為砧木）。

帝錦石化
Euphorbia lactea
variegated crested

●夏季型 ●株高5〜20cm、株寬8〜20cm ●中
「帝錦」原為柱狀體，而帝錦石化為錦斑石化品種，所
以葉片呈扇形。斑紋顏色有粉紅色、紫色、黃色等好幾
種，照片中為白色錦斑品種。可透過嫁接法繁殖，砧木
為「金剛纂（*Euphorbia neriifolia*）」。

無刺麒麟花
Euphorbia geroldii

●夏季型 ●株高10〜
20cm、株寬10〜20cm ●中
屬於灌木類的大戟屬多肉
植物。葉片呈深綠色，會
隨季節轉紅。綻放可愛的
圓形紅色花朵，枝條光滑
無刺。低溫期會落葉，僅
留枝條度過寒冬。可透過
扦插法繁殖。

蘇鐵麒麟
Euphorbia 'Sotetsu-kirin'

●夏季型 ●株高8～25cm、株寬5～15cm ●中

日本國內栽培的小型品種，相當受到花友喜愛。突起的莖桿上方長出細長葉片。據說是「鐵甲丸」和園藝品種「峨嵋山」的交配品種，但真相未明。雌雄異株，有雌株與雄株兩個系統。可透過扦插法繁殖。

大正麒麟
Euphorbia echinus

●夏季型 ●株高10～15cm、株寬5～10cm ●中

植株呈柱狀，特徵是灰色刺狀突起呈V字形生長。雖然強健，但生長緩慢。雌雄異株，不容易生出子株，多半以砍頭後長出來的子株進行扦插繁殖。照片中的植株上端為花梗。

紅彩閣
Euphorbia enopla

●夏季型 ●株高5～15cm、株寬5～15cm ●中

宛如仙人掌般布滿銳利刺狀突起，長出新芽的地方呈美麗的紅色。紅刺與綠葉的配色，因此取名為「紅彩閣」。分枝旺盛，可透過扦插法繁殖。植株上端綻放小小的黃色花朵。

黃刺紅彩閣
Euphorbia enopla cv.

●夏季型 ●株高5～15cm、株寬5～15cm ●中

由種子繁殖而來的「紅彩閣」中，帶有黃刺的品種另外稱為黃刺紅彩閣。市面上有好幾個系統，個體差異大。可透過扦插法繁殖。

柳葉麒麟
Euphorbia hediotoides

●夏季型 ●株高10～30cm、株寬10～30cm ●中

種小名有「形態（-oides）」的意思，因此柳葉麒麟的名稱取自於如柳葉般細長的葉片外觀。長時間栽種會使土面下的部分形成肥厚的塊根。低溫期會落葉並進入休眠期。可透過扦插法繁殖。

小燭樹
Euphorbia antisyphylitica

●夏季型 ●株高15～30cm、株寬10～20cm ●中

細長葉片如筆頭草般直立。在原生地墨西哥，小燭樹的樹液曾用於治療梅毒（syphilis）。扦插法繁殖不容易發根，多半使用分株法或種子播種法繁殖。

紅杆大戟
Euphorbia bongolavensis

●夏季型 ●株高10～20cm、株寬15～20cm ●中

馬達加斯加島原產的灌木性大戟屬多肉植物。紡錘狀葉片整齊排列。春～秋季的生長期，葉柄轉為桃紅色，非常美麗。低溫期會落葉並進入休眠，僅留枝條度過嚴冬。可透過扦插法繁殖。

魯格底錦（音譯）

Euphorbia (Monadenium) lugardiae variegated

● 夏季型 ● 株高5～15cm、株寬5～15cm ● 弱

屬於翡翠木屬的白斑品種。低溫期若過於潮濕，植株容易腐爛。莖桿長到一定高度後就不會再繼續生長，但地下莖會開始長出側枝，進而形成群生株。冬季進入落葉休眠期。可透過分株法、扦插法繁殖。

阿勃瑞森（音譯）

Euphorbia (Monadenium) arborescens

● 夏季型 ● 株高15～40cm、株寬10～40cm ● 中

屬於翡翠木屬的塊莖類植物。莖桿上有突起，上端長出葉片。突起部位其實是葉片基部，植株外形十分獨特。雖然生長勢強健，但生長緩慢。冬季進入落葉休眠期。可透過扦插法、種子播種法繁殖。

將軍閣錦

Euphorbia (Monadenium) ritchiei variegated

● 夏季型 ● 株高5～10cm、株寬5～10cm ● 中

屬於翡翠木屬，是「將軍閣」的黃斑品種，最大特徵是呈凹凸狀的莖桿。低溫期進入落葉休眠期。葉片於強光照射下會轉為橘紅色。植株於生長期長出帶有斑紋的葉片。由於生長緩慢，市面上的流通量不大。可透過扦插法繁殖。

Column ⑤

各屬常用的園藝名稱

大戟屬常以「麒麟」作為園藝名稱，源自於大戟屬的舊名「麒麟草」。另外，「錦」常用於代表葉片上有「斑紋」，然而蘆薈屬的植物也常用「錦」來命名。女仙類的植物由於表面光滑，因此常取名為「玉」。

龍舌蘭屬／Agave

科名： 天門冬科（龍舌蘭科）	龍舌蘭屬外形陽剛，深受男性花友喜愛。多數葉緣長有尖刺。近
原產地： 加拿大南部、美洲、	年來小型品種較受歡迎，幾乎都是夏季型，喜好高溫和強光。原
中南美	生種容易取得，可透過分株法、種子播種法繁殖；交配種則可以
	透過分株法繁殖。數十年開一次花，植株於開花後枯萎。

吉祥冠錦

Agave potatorum 'Kisshou-kan-Nishiki'

● 夏季型 ● 株高5～15cm、株寬10～25cm ● 中

葉片排列整齊呈蓮座狀，是淡綠色葉片的園藝品種「吉祥冠」的錦斑品種。葉片前端有尖刺，幼株就會長出子株，但通常是單頭生長。可以趁長出子株時，透過分株法繁殖。

雙花龍舌蘭

Agave geminiflora

● 夏季型 ● 株高10～20cm、株寬15～30cm ● 中

種小名有「雙子座（gemin）」與「花（flora）」的含意在內，取自於花莖一分為二的生長模式。大多數的雙花龍舌蘭是透過種子繁殖而來，部分植株的葉片上有白色纖維，部分沒有；有些植株的葉片長，有些葉片短，個體大小不一。可透過分株法、種子播種法繁殖。

王妃雷神錦
Agave 'Ouhi-raijin-nishiki'

白絲王妃
Agave filifera cv.

● 夏季型 ● 株高3～5cm、株寬5～10cm ● 中

「雷神系列（*Agave potatorum*）」的交配品種。王妃雷神錦是葉片帶有白色中斑的矮性品種，因體型小且不會長得太大而深受花友喜愛。近年來也有黃色中斑品種。可透過分株法繁殖。

● 夏季型 ● 株高5～15cm、株寬10～15cm ● 中

白絲王妃的特徵是整齊、細長的深綠色劍形葉片上纏繞白色絲狀纖維。白絲王妃是交配種，耐熱且耐寒，生長勢強健。可透過分株法、種子播種法繁殖。

章魚龍舌蘭
Agave bracteosa

● 夏季型 ● 株高10～20cm、株寬10～30cm ● 中

英文名字被稱為「spider agave」，特徵是彎曲的柔軟葉片。生長勢強健，容易栽培。同種的*Agave bracteosa*'Monterrey Frost'白色覆輪斑品種，雖然數量不多，但市面上偶爾看得見其蹤跡。另外，市面上相當罕見的中斑品種「mediopicta」，則由於稀少而價值不菲。

虎尾蘭屬 / Sansevieria

科名：天門冬科（龍舌蘭科）

原產地：非洲、馬達加斯加島、
南亞

多數虎尾蘭屬植物有地下莖或走莖，莖上會長出各種形狀的葉片。生長型為夏季型，生長勢強健，但不耐寒冷，建議秋末將植栽移至室內照顧並徹底斷水。可透過地下莖的分株法、葉插法等方式繁殖。

●生長型 ●基本尺寸 ●耐寒度

漢貝爾堤（音譯）
Sansevieria humbertii

●夏季型 ●株高5～10cm、株寬10～15cm ●弱

綠葉上有白斑的原生種。葉片稍微向內捲曲並呈蓮座狀排列。走莖不長，因此群生狀態顯得較為集中。可透過葉插法、分株法繁殖。

姬葉虎尾蘭
Sansevieria gracilis

●夏季型 ●株高15～30cm、株寬10～40cm ●弱

長長的走莖前端長出子株，容易形成群生株。照片左右兩端是走莖。建議栽種於較大的吊掛盆，或者缽身比較高的盆缽裡，可以觀賞最自然的美麗姿態。可透過葉插法、分枝法繁殖。

青蟹虎尾蘭
Sansevieria patens

●夏季型 ●株高5～30cm、株寬10～40cm ●弱

深綠色葉片的中型品種。葉片稍厚，容易形成群生株。生長速度快，容易栽培。有時植株很健康，但葉片前端依然會有枯萎的情形，不用太擔心，這不是什麼大問題。可透過葉插法、分株法、種子播種法繁殖。

貝拉（音譯）
Sansevieria sp. aff. *bella*

●夏季型 ●株高10～20cm、株寬10～40cm ●弱

植株長到一定程度後，會一次性長出許多子株，容易形成群生株。葉片中有褐色和白色線的是走莖，從照片右側的走莖伸出來的是氣根。可透過葉插法、分株法繁殖。

鳳梨科（蜻蜓鳳梨屬、硬葉鳳梨屬、刺墊鳳梨屬、銀葉鳳梨屬）／Bromeliaceae

原產地：美洲大陸亞熱帶地區～熱帶地區

也有人稱鳳梨科為鳳梨亞科，原生地多為熱帶地區。生長於乾燥地區，葉片質感偏硬，其中能耐旱（水分不易流失）的種類歸為多肉植物。夏季型，十分耐乾燥，喜好日照充足的環境。照顧方式同龍舌蘭屬。

疏花沙漠鳳梨
Dyckia choristaminea

● 夏季型 ● 株高5～10cm、株寬10～15cm ● 中

硬葉鳳梨屬。深色細長葉片茂密的小型品種。耐熱、耐寒，生長勢強健，常形成群生株。也有葉色更深的「法爾茲黛茲（*Dyckia choristaminea. A 'Frazzle Dazzle'*）」和綠色小型品種「斯毛鳳（*Dyckia choristaminea* 'Small Form'）」等流通於市面上。春季開黃花。可透過分株法繁殖。

大葉小雀舌蘭
Dyckia frigida

● 夏季型 ● 株高5～20cm、株寬10～30cm ● 中

硬葉鳳梨屬。葉片呈明亮的檸檬綠，葉緣有規則鋸齒狀。幼苗時葉片整齊排列，形成蓮座狀，但葉片隨植株成熟而變長。葉片前端會稍微枯萎，但不影響植株生長。可透過分株法、種子播種法繁殖。

夕映縞劍山
Dyckia brevifolia 'Yellow Glow'

● 夏季型 ● 株高5～10cm、株寬8～15cm ● 中

硬葉鳳梨屬。縞劍山的黃斑品種，具光澤的葉片上渲染黃色曙斑。日照愈強，斑紋色彩就愈鮮豔。別稱「Sun Glow」或「Moon Glow」。可透過分株法繁殖，葉緣有細微鋸齒狀。

銀白硬葉鳳梨
Dyckia marnier-lapostollei

● 夏季型 ● 株高8～15cm、株寬10～20cm ● 中

硬葉鳳梨屬。植株披覆白色短毛，毛茸茸的質感相當受到花友喜愛。雖然植株存在個體差異，但一般來說，葉片上的白毛愈寬愈好。葉緣的鋸齒狀也是白色。春季綻放橘色花朵。可透過分株法、種子播種法繁殖。

銀葉鳳梨
Hechtia argentea

●夏季型 ●株高10～20cm、株寬10～30cm ●中

銀葉鳳梨屬。該屬植物皆為雌雄異株，是鳳梨科中的少數派。葉片細長呈蓮座狀排列，葉色為綠中帶紫，看來格外清爽。葉緣呈尖銳鋸齒狀。可透過分株法、種子播種法繁殖。

柯瑞達（音譯）
Deuterocohnia brevifolia 'Chlorantha'

●夏季型 ●株高3～10cm、株寬5～20cm ●中

刺墊鳳梨屬。小葉片排列成蓮座狀。生長緩慢，但子株會逐漸形成圓頂狀的群生株。植株長大後能變成可雙手環抱的大小。綻放的花朵並不顯眼。

羅瑞吉安娜（音譯）
Deuterocohnia lorentziana

●夏季型 ●株高5～10cm、株寬10～15cm ●中

刺墊鳳梨屬。性質與「柯瑞達（音譯，*Deuterocohnia brevifolia* 'Chlorantha'）」相似。細小葉片呈蓮座狀排列，因葉片較長，即使形成群生，依然給人較陽剛的感覺。

黃金阿茲坦克
Aechmea recurvata 'Aztec Gold'

●夏季型 ●株高15～20cm、株寬10～30cm ●中

蜻蜓鳳梨屬。是「*Aechmea recurvata*」的黃斑品種。置於陽光強烈的環境下且嚴格控管給水，植株會長得比較漂亮，葉片短且基部肥大。春季綻放亮麗桃紅色花朵。

棒錘樹屬 / Pachypodium

科名：夾竹桃科

原產地：馬達加斯加島、南非、納米比亞共和國

棒錘樹屬植物是擁有肥大基部和枝幹狀的「塊根（莖）植物」代表，相當受到花友喜愛。馬達加斯加島有許多固有原生種，不僅外形獨特，春季至夏季還會綻放顏色鮮豔的花朵。春季展葉、開花，冬季落葉，一整年都能欣賞不同的生長變化。

惠比須笑
Pachypodium brevicaule

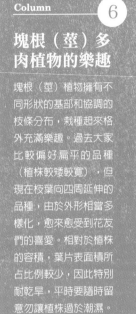

Column ────── 6

塊根（莖）多肉植物的樂趣

塊根（莖）植物擁有不同形狀的基部和協調的枝條分布，栽種起來格外充滿樂趣。過去大家比較偏好扁平的品種（植株較矮較寬），但現在枝葉向四周延伸的品種，由於外形相當多樣化，愈來愈受到花友們的喜愛。相對於植株的容積，葉片表面積所占比例較少，因此特別耐乾旱，平時要隨時留意勿讓植株過於潮濕。

●夏季型 ●株高3～10cm、株寬3～15cm ●中

原生於馬達加斯加島的岩石區裂縫處，扁平的莖桿橫向擴展。栽種於盆栽時，根部容易腐爛，因此多以嫁接方式培育。照片中的砧木是非洲霸王樹。通常價格會比較昂貴些。春季綻放黃色花朵。

恩納比里頓（音譯）
Pachypodium inopinatum

●夏季型 ●株高5～20cm、株寬10～20cm ●中

偏細長的葉片向上茂密生長。枝幹偏白，觸感滑溜，葉片基部的細刺隨植株生長而脫落。生長緩慢，冬季進入落葉休眠期。春季綻放白色花朵。

席巴女王玉櫛
Pachypodium densiflorum

●夏季型 ●株高5～20cm、株寬5～20cm ●中

棒錘樹屬多肉植物中的原生種之一。最大特徵是粗大枝幹、整齊排列的葉片、顯眼的尖刺。尖刺隨植株生長而脫落。能夠從種子播種開始培育，枝條形狀與突起因個體而異。冬季進入落葉休眠期。春季綻放黃色花朵。

特奇（音譯）
Pachypodium densiflorum 'Tucky'

●夏季型 ●株高5～20cm、株寬5～20cm ●中

這是戰後致力於多肉植物繁殖與普及化的已故伊藤隆之先生所培育的品種。屬於「席巴女王玉櫛」的皺葉品種，特徵是肉質肥厚的縮皺葉片。枝幹呈些許凹凸不平狀，因不容易繁殖而流通量少。春季綻放黃色花朵。

天馬空
Pachypodium succulentum

●夏季型 ●株高10～40cm、株寬5～30cm ●中

從粗大枝幹延伸出細枝條，枝條前端綻放粉紅色花朵。光滑的枝幹是天馬空的特色之一。枝條太長時可進行修剪。介殼蟲喜歡寄生在新芽附近，記得隨時察看，多留意一下。春季開花。

其他夏季型多肉植物

科名、屬名、原產地皆個別註明。

接下來為大家介紹棒錘樹屬以外的塊根（莖）植物，以及其他夏季型多肉植物。這裡介紹的多為罕見品種。除沙漠玫瑰外的塊根（莖）植物，花朵多半偏樸素、不起眼。

陽光沙漠玫瑰

Adenium obesum cv.

● 夏季型 ● 株高5～40cm、株寬5～20cm ● 中

夾竹桃科沙漠玫瑰屬。原產地為非洲東部、阿拉伯半島。沙漠玫瑰基本種為單瓣，花瓣呈粉紅色～白色，但上圖為8重瓣園藝品種。台灣與泰國致力培育交配種，花瓣顏色繽紛且形狀豐富。可扦插繁殖，但樹幹多半不會變粗。若想欣賞美麗塊根，建議種子播種。初春開花。

愛氏臥地延命草

Plectranthus ernstii

● 夏季型 ● 株高5～15cm、株寬5～15cm ● 中

唇形科香茶屬的塊根（莖）植物。原產地為南非。白色光滑的枝幹非常漂亮。葉片形似紫蘇，觸碰葉片表面時會散發一股香氣。不定期綻放藍紫色的穗狀花序花朵。需特別留意愛氏臥地延命草並不耐寒。冬季進入落葉休眠期。可透過扦插法、種子播種法繁殖。

大葉無花果
Ficus abutilifolia

●夏季型 ●株高10～20cm、株寬8～20cm ●中

桑科榕屬。原產地為非洲南部。榕屬中有「佩蒂爾雷斯（音譯，*Ficus petiolaris*）」、「白面榕（*Ficus palmeri*）」等有名的塊根（莖）植物，而大葉無花果也是塊根（莖）植物的一種。種小名的由來是如風鈴花般的葉片。冬季進入落葉休眠期。可透過種子播種、扦插法繁殖。

修面刷樹
Pseudobombax ellipticum

●夏季型 ●株高15～50cm、株寬10～50cm ●中

木棉科假木棉屬。主要原產地為美洲中部至墨西哥。早期歸類為木棉屬，後改為假木棉屬。隨著枝幹變粗，枝幹上會產生皸裂花紋。低溫期會落葉並進入冬眠狀態，新芽呈紅心形狀。如同白色刷子般的花朵於春季綻放。

火星人
Fockea edulis

●夏季型 ●株高10～30cm、株寬5～15cm ●中

蘿藦科火星人屬。原產地為南非。枝條具攀緣性，在盆鉢中插入花架等支撐植株，植株將會生長得更茂密。可透過扦插法繁殖，但長到枝幹粗壯需要較長的時間，因此平常多半使用種子播種法繁殖。夏季期間不定期綻放綠色花朵。

壺天狗

Cussonia paniculata

● 夏季型 ● 株高15～40cm、株寬10～30cm ● 中

五加科頂囊蕨屬的塊根（莖）植物。原產地為南非。具灌木特性，原本可以生長至5m高，但從種子開始培育的幼株由於體型較小，可以作為塊根（莖）植物供人觀賞。葉緣深裂，低溫期會落葉並進入休眠。

塊莖甕

Cissus tiliacea

● 夏季型 ● 株高10～20cm、株寬10～20cm ● 中

葡萄科白粉藤屬。原產地為墨西哥。別名「苦瓜塊莖」。枝條具攀緣性，可於盆缽中插入花架供其攀爬，或者定期修剪以保持一定長度。冬季會落葉，僅剩枝幹過冬。透過扦插法也能使枝幹長大變粗。

銀葉睡布袋

Gerardanthus macrorrhizus

● 夏季型 ● 株高20cm、株寬15cm ● 中

葫蘆科睡布袋屬。原產地為南非。枝幹表皮光滑，塊根（莖）處呈圓形。枝條具攀緣性，可於盆缽中插入花架供其攀爬。葉片表面除葉脈外皆帶有些許銀灰色，非常漂亮。冬季會落葉並進入休眠。可透過種子播種法繁殖。

幻蝶蔓
Adenia glauca

●夏季型 ●株高20～50cm、株寬10～40cm ●弱

西番蓮科蒴蓮屬。原產地為南非。具攀緣性的枝條上面有下垂狀的葉片簇生，宛如蝴蝶停駐之姿而得其名。不耐寒，需要留意冬季時植株底部容易腐爛。雌雄異株。可透過扦插法繁殖，但枝幹不易變粗。

馬達加斯加龍樹
Didieria madagascariensis

●夏季型 ●株高15～40cm、株寬10～15cm ●中

刺戟木科刺戟木屬。學名"-ensis"有「源自於」的意思，代表馬達加斯加龍樹原產於馬達加斯加島。枝幹多側枝，側枝前端長出葉片與尖刺，外形獨特。枝幹粗，是極具欣賞價值的塊根（莖）植物。可透過種子播種、將側枝嫁接於「亞龍木（*Alluaudia procera*）」品種上繁殖。

斷崖女王
Sinningia leuchotricha

●夏季型 ●株高10～20cm、株寬10～20cm ●中

苦苣苔科岩桐屬。原產地為巴西。葉片覆有白毛，別名雪絨花。不喜歡極度乾燥或強光環境。冬季會落葉並進入休眠期。春季綻放橘色花朵。可透過種子播種法繁殖。

索科特拉（音譯）

Sarcostemma socotranum

●夏季型 ●株高10～20cm、株寬5～30cm ●中

夾竹桃科肉珊瑚屬。原產地為索科特拉島。主要特徵是沒有葉片，莖桿上有分節。莖桿一開始向上生長，變長後會下垂或在土面上匍匐蔓延。會從土面與莖桿相接觸的部位開始發根，生長力旺盛，可能會延伸至隔壁盆缽，需要定期修剪。夏季開花。

棒葉酢漿草

Oxalis teneriensis

●夏季型 ●株高5～20cm、株寬3～10cm ●中

酢漿草科酢漿草屬。原產地為秘魯。如酢漿草科的特徵——葉片呈三片狀，葉柄粗大且肥厚。植株於低溫期轉變為橘色，因具常綠性，故不耐寒。生長期間不定期綻放黃色花朵。

蝴蝶亞仙人掌

Hoodia gordonii

●夏季型 ●株高10～40cm、株寬3～20cm ●中

夾竹桃科火地亞屬。原產地為南非。南非住民在長途旅行中會食用乾燥的蝴蝶亞仙人掌充飢，由於體內會自動向大腦發出飽足感訊息，一度還因為成為減肥藥物的原料而備受矚目。不喜歡過於潮濕的土壤與微弱光線。夏季會綻放粉紅色帶褐色的花朵，形狀宛如拋物面天線。

重扇

Callisia navicularis

●夏季型 ●株高3～8cm、
株寬5～15cm ●中

鴨跖草科錦竹草屬。原產
地為墨西哥。如園藝名稱
所示，葉片呈扇形重疊排
列。花莖於生長期不斷延
伸，並在前端開出粉紅色
花朵。花莖分節處常會長
出不定芽。另外也有錦斑
變異品種。

白雪姬錦

*Tradescantia sillamontana
variegated*

●夏季型 ●株高5～15cm、株寬5～15cm ●中
鴨跖草科紫露草屬。白雪姬的錦斑變異品種。原產地為
墨西哥。植株呈白色，披覆軟毛，從土面長出來的新芽
為純白色，十分可愛。低溫期會落葉，僅留土面下的部
位過冬。夏季綻放帶粉的紫色花朵。可以透過扦插法、
分株法繁殖。

吹雪之松錦

*Anacampseros
rufescens
variegated*

●夏季型 ●株高1～3cm、株寬3～8cm ●中
馬齒莧科回歡草屬。是吹雪之松的錦斑變異品種，原產
地為南非。錦斑部分呈粉紅色，因此也稱「櫻吹雪」。
屬於高溫性植物，不適合於冬季培育，應盡量避免過度
潮濕的環境。可透過分株法、種子播種法繁殖。

馬洛帝（音譯）
Anacampseros marlothii

● 夏季型　● 株高3～5cm、株寬5～8cm　● 中

馬齒莧科回歡草屬。原產地為南非。長圓形的葉片呈群
生狀態，長期栽培也不會雜亂變形，群生株宛如一個半
球體。花莖只有3cm左右，生長期綻放粉紅色花朵。可透
過分株法繁殖。

雅樂之舞
Portulacaria afra albomarginated

● 夏季型　● 株高5～15cm、株寬3～15cm　● 中

馬齒莧科馬齒莧樹屬。原產地為南非。是「樹馬齒莧
（Portulacaria afra）」的外斑品種，比樹馬齒莧小型，生長
緩慢。低溫期的葉緣呈紅色，非常漂亮。植株長大後可
能會出現中斑。可透過扦插法繁殖。

群蠶
Anacampseros ustulata

● 夏季型　● 株高3～10cm、株寬3～8cm　● 中

馬齒莧科回歡草屬。原產地為南非。看起來像是一群聚
在一起的蠶，因此取了一個震撼力十足的園藝名稱「群
蠶」。生長緩慢，但生長勢強健。可透過扦插法、種子
播種法繁殖。生長期綻放白色花朵，但花小並不明顯。

斑葉樹馬齒莧
Portulacaria afra variegated

● 夏季型　● 株高5～15cm、株寬3～15cm　● 中

馬齒莧科馬齒莧樹屬。原產地為南非。是「樹馬齒莧」
的曙斑品種。生長旺盛期的新芽顏色非常漂亮。但生長
停止後便恢復成綠色。可透過扦插法繁殖。

到手香

Plectranthus amboinicus

●夏季型 ●株高5～10cm、株寬3～10cm ●中

唇形科香茶屬。原產地為非洲東部。以香氣迷人的多肉
植物而聞名。切一小段枝條放進蘇打水中便能充分享受
香氣。日照時間變短時所綻放的花朵並不起眼，若不觀
賞可以稍作修剪。可透過扦插法、分株法繁殖。

碧雷鼓

Xerosicyos danguyi

●夏季型 ●株高10～20cm、株寬5～30cm ●中

葫蘆科沙葫蘆屬。原產地為馬達加斯加島。若枝條長於
20cm會逐漸下垂，想培育成大型植株的話建議栽種於吊
掛盆缽中。春季綻放不起眼的綠花。可透過扦插法、種
子播種法繁殖。外形圓潤，別稱「綠太鼓」。

德凱瑞（音譯）

Xerosicyos decaryi

●夏季型 ●株高10～
20cm、株寬5～30cm ●中

葫蘆科沙葫蘆屬。原產地
為馬達加斯加島。質感比
「碧雷鼓」品種柔軟一
些，枝條細長，屬於小型
品種。其他性質則與碧雷
鼓差不多，枝條過長時會
下垂。可透過扦插法、種
子播種法繁殖。葉插法也
能發根，但是由於生長點
少，新芽生長情況不佳。

南非球根系列

科名：主要為天門冬科（風信子科）。分類外的品種個別註記。

日本多肉植物業者培育的南非原產球根植物。此類植物耐乾旱，體型較小，葉片和花朵的形狀非常豐富，照顧、賞玩方式與多肉植物相仿。因僅多肉植物業者經手栽培，更顯而珍貴稀少。部分油點百合屬和垂筒花屬是夏季型，其他多為冬季型或春秋型。

毛葉立金花
Lachenaria trichophylla

●冬季型 ●株高1～3cm、株寬3～5cm ●中

納金花屬植物中的小型品種。綠葉整體披覆白毛，1棵植株只長單1片葉子，從中心部位長出花莖。春季綻放白色花朵，夏季落葉並進入休眠期。可透過種子播種法繁殖。

紫鏡
Massonia pustulata

●冬季型 ●株高1cm、株寬5～15cm ●中

鏡屬。種小名有「突起」的意思，取自於紫色葉片表面上的許多細小突起。植株具個體差異，部分植株的葉片呈深綠色，部分則偏黑色。通常一季只長出2片對生的葉片，中心部位會於冬季綻放白色花朵。可透過種子播種法繁殖。

日本蘭花草
Ledebouria cooperi

●夏季型 ●株高5～10cm、株寬5～10cm ●強

油點百合屬。耐寒且耐熱,可全年栽種於戶外。冬季落葉,僅留土面下的球根過冬。原產於南非,別稱「縞蔓穗」。春季綻放桃紅色花朵。可透過分株法繁殖。

波浪葉油點百合
Ledebouria crispa

●夏季型 ●株高5～10cm、株寬5～10cm ●中

油點百合屬。小型品種,生長力不太旺盛。葉片細長,葉緣呈鋸齒狀。冬季落葉,僅留土面下的球根過冬。春季綻放帶紫的粉紅色花朵。可透過分株法、種子播種法繁殖。

油點百合
Ledebouria socialis

●夏季型 ●株高8～15cm、株寬5～10cm ●中

油點百合屬。另有「豹紋紅寶」的園藝名稱。從土面上的球根長出葉片,是極珍貴的品種。葉片有紫色散斑,小巧玲瓏的花朵呈吊鐘狀,花色為綠色和粉紅色,於生長期間開花數次。可透過分株法、種子播種法繁殖。

寬葉彈簧草
Albuca concordiana

●冬季型 ●株高10～15cm、株寬5～15cm ●中

哨兵花屬。鮮綠色的捲曲葉片頗逗趣。做好給水管理,並置於日照強的通風處,葉片的螺旋狀會更明顯。夏季落葉並進入休眠期。春季開花,黃色花朵上有綠色條紋,散發迷人香氣。可透過分株法、種子播種法繁殖。

彈簧草
Albuca namaquensis

● 冬季型 ● 株高10～15cm、株寬5～15cm ● 中

哨兵花屬。如P84的「寬葉彈簧草」，只要確實控制給水並置於日照強的通風處，葉片的螺旋狀會更加明顯。夏季落葉並進入休眠期。春季綻放下垂且散發迷人香氣的黃綠色花朵。可透過分株法、種子播種法繁殖。

哨兵花
Albuca humilis

● 春秋型 ● 株高10～15cm、株寬5～15cm ● 中

哨兵花屬。具半常綠性，沒有明顯的休眠期。哨兵花屬的其他品種適合將球根埋在土裡，但這個品種直接栽種於土面上也沒問題。春季開花，散發芳香的白色花朵上有綠色條紋。可透過分株法繁殖。

仙火花
Veltheimea bracteosa

● 冬季型 ● 株高15～25cm、株寬15～30cm ● 中

仙火花屬。葉片形狀宛如鬱金香的葉子，葉緣有波浪花邊。基本種會綻放鮮豔的粉紅色花朵，但市面上也有綻放白花的「*Veltheimia bracteosa* 'Lemon Flame'」品種。春季開花。可透過分株法、種子播種法繁殖。

大蒼角殿
Bowiea volubilis

●春秋型 ●株高15～30cm、株寬5～20cm ●中

蒼角殿屬。以前就非常受到花友喜愛。翡翠色的球根（鱗莖）長出蔓生莖，而蔓生莖會不斷地反覆枯萎與生長。英文名為「Climbing onion」。生長期綻放綠色小花，但花朵普遍不起眼。

嘉利仙鞭草
Bowiea gariepensis

●冬季型 ●株高15～30cm、株寬5～20cm ●中

蒼角殿屬。枝條比「蒼角殿」品種粗且呈灰綠色。剛開始時可將球根（鱗莖）如照片所示露出於土面上，待植株長大後，再將球根埋入土裡。由於嘉利仙鞭草為冬季型植物，夏季會落葉進入休眠期，僅留下球根部位。

納倫西斯（音譯）

Bulbine natalensis

●冬季型 ●株高5～12cm、株寬5～15cm ●中

黃脂木科（阿福花科）鱗芹屬。鱗芹屬多為「花蘆薈（*Bulbine frutescens*）」、「納倫西斯（音譯，*Bulbine natalensis*）」等肉質性葉片的植物。夏季落葉並進入休眠期。冬末綻放黃色花朵，可透過分株法、種子播種法繁殖。

佛座籤

Bulbine mesembryanthemoides

●冬季型 ●株高3～8cm、株寬3～10cm ●中

黃脂木科（阿福花科）鱗芹屬。種小名有「擬似女仙類」的意思。葉片前端有透明葉窗。夏季落葉並進入休眠期。葉片於秋季開始生長，光線強時葉片會長得圓又短，光線弱時葉片會逐漸變長。秋末時，細長花莖上綻放黃色花朵。可透過分株法、種子播種法繁殖。

白花捲葉垂筒花

Cyrtanthus smithiae

●夏季型 ●株高10～15cm、株寬 5～10cm ●中

石蒜科垂筒花屬的原生種之一。細長葉片呈捲曲狀。葉片同樣呈捲曲狀的還有「捲葉垂筒花（*Cyrtanthus helictus*）」和「大波浪捲葉垂筒花（*Cyrtanthus spiralis*）」等品種。冬季落葉，僅球根過冬。夏季綻放白色花朵。

棕櫚葉酢漿草

Oxalis palmifrons

●冬季型 ●株高1～3cm、株寬5～15cm ●中

酢漿草科酢漿草屬。種小名有「葉形就像手掌攤開的形狀」的意思。光線強烈時，植株如同覆蓋住土面般呈蓮座狀。春季綻放淡紫色花朵，但通常不太容易開花。夏季落葉，僅土面下的球根進入休眠期。可透過分球、分株法繁殖。

生石花屬／Lithops

科名：番杏科

原產地：南非、納米比亞共和國、波札那共和國

生石花屬的特徵是頂端平坦，中央部位有裂口。進入休眠期前，位於外側的老葉會枯萎脫皮，之後再從中間長出新葉。原生地多為砂石多的沙漠區或岩石區，因此植株顏色、形狀十分類似周遭的砂石。生長型為冬季型，夏季進入休眠期。

白薰玉

Lithops karasmontana ssp. *karasmontana* var. *karasmontana* 'Opalina'

● 冬季型　● 株高1～5cm、株寬2～7cm　● 中

葉色呈杏粉色，頂端無花紋，但有些許凹凸不平。在生石花屬多肉植物中算是中型～大型品種，植株長大後會變成15株以上的群生株。植株顏色因個體而異，秋季綻放白花。可透過分株法、種子播種法繁殖。

巴里玉

Lithops halii

● 冬季型　● 株高1～5cm、株寬2～7cm　● 中

園藝名稱音譯自種小名的發音。葉片頂端面有細小的網狀花紋，葉色從灰褐色至紅褐色都有，因植株而異。雖為中型品種，但形成群生株時，最多也只有6～7株共同生長。秋季開白花。可透過分株法、種子播種法繁殖。

大觀玉

Lithops salicola 'Daikangyoku'

● 冬季型　● 株高1～5cm、株寬2～7cm　● 中

雖為小～中型品種，但最多可有50株以上共同生長並形成群生株。多數植株葉色綠中帶灰，其中也不乏呈深褐色的植株。葉片頂端面有清楚的網狀花紋或渲染般圖紋。秋季開白花。可透過分株法、種子播種法繁殖。

Column 7

何謂女仙類

所有番杏科的植物都稱為女仙類。在過去的分類中，這類植物群多屬於松葉菊屬（Mesembryanthemum），由於名稱冗長而常以簡稱註記。相對於充滿男性陽剛氣息的「仙人掌」，這類植物群較具女性優雅質感，因此取名為「女仙」。番杏科有130多個屬，其中最具代表的是生石花屬和肉錐花屬。

紫勳

Lithops lesliei ssp.
lesliei var. *lesliei*

● 冬季型　● 株高1～5cm、株寬2～7cm　● 中

屬於中～大型品種，特徵是葉片頂端面看似馬賽克狀的
花紋。基本葉色為褐色，但部分植株為深綠色或深紅
色，顏色因植株而異。秋季綻放黃花。可透過分株法、
種子播種法繁殖。

麗虹玉

Lithops dorotheae

● 冬季型　● 株高1～5cm、株寬2～7cm　● 中

屬於小～中型品種，但最多可達30多株共生在一起。杏
粉色表面有褐色花紋，邊緣為半透明葉窗。葉色繽紛，
是相當受花友喜愛的原生種之一，然而市售價格並不親
民。秋季綻放黃花。可透過分株法、種子播種法繁殖。

黃鳴弦玉

Lithops bromfieldii var.
insularis 'Sulphurea' C362

● 冬季型　● 株高1～5cm、株寬2～7cm　● 中

黃鳴弦玉為灰褐色「鳴弦玉（*Lithops bromfieldii* v. *insularis*
C042）」的綠色品種。明亮的檸檬綠相當搶眼。屬於
小～中型品種，常形成群生株，最多可能有30多株共生
在一起。葉片頂端面呈半透明，有不連續的線條花紋。
秋季綻放黃花。可透過分株法、種子播種法繁殖。

朱唇玉

Lithops karasmontana ssp.
karasmontana var.
karasmontana

● 冬季型　● 株高1～5cm、株寬2～7cm　● 中

依種類來說，與P88的「白薰玉」品種相同，但特徵是葉
頂端面呈紅褐色且表面凹凸不平，是網狀花紋清晰可見
的品種，另有「紅窗玉（Top red）」的園藝名稱。秋季綻
放白花。可透過分株法、種子播種法繁殖。

肉錐花屬 / Conophytum

科名：番杏科

原產地：南非、納米比亞共和國

單株葉片長出單顆芽，數顆芽形成群生株。葉片形狀大致分為「倒圓錐形、馬鞍形、球形」3種。葉片枯萎後進入休眠期，休眠期結束後，葉片脫皮並膨脹成2倍。繽紛花色深受花友喜愛，日本也陸續培育出多樣的品種。為冬季型，應避免高溫多濕環境。

群碧玉
Conophytum minutum

● 冬季型　● 株高2～5cm、株寬3～8cm　● 中

日本自古栽培的原生種之一。葉片表面有少許小斑點。秋季常零星綻放粉紅色～紫色花朵。可透過分株法、種子播種法繁殖。

稚兒姿
Conophytum 'Chigosugata'

● 冬季型　● 株高2～5cm、株寬3～8cm　● 中

稚兒姿是常見品種，生長勢強健。在倒圓錐形葉片的品種中，算是小型種，常形成群生狀態。秋季常開花，紫色花瓣與黃色花蕊形成強烈對比。可透過分株法繁殖。

櫻園
Conophytum 'Sakura-no-sono'

● 冬季型　● 株高2～5cm、株寬3～8cm　● 中

常見品種，生長勢強健。屬於中型品種，葉片形狀呈倒圓錐形，常形成群生狀態。秋季開花情況佳，花色為橘色。可透過分株法繁殖。

蟹夾草
Conophytum bilobum

● 冬季型　● 株高2～5cm、株寬3～8cm　● 中

別名「少將」，是倒圓錐形葉片的代表。因重心高，往往會過度埋入土下而容易造成腐爛。同其他品種栽種即可。秋季開黃花。可透過分株法、種子播種法繁殖。

少將亞種

Conophytum bilobum ssp. *gracilistylum*

●冬季型　●株高2〜5cm、株寬3〜8cm　●中

生長勢強健，易開花。亞種名「*gracilistylum*」是「細長花柱」之意。秋季開花，淺粉紅色花瓣與中央黃色花蕊形成對比，十分美麗。可藉由分株法、種子播種法繁殖。

墨小錐

Conophytum minimum

●冬季型　●株高2〜5cm、株寬3〜8cm　●中

葉片上的紋路包含點狀與線條狀，市面上有各種不同的品種，園藝名稱依個體而異。一般花友比較喜歡大型且紋路明顯的品種。墨小錐的葉片呈馬鞍形。秋季開花，細長白色花瓣於夜晚綻放，帶有迷人香味。可透過分株法、種子播種法繁殖。

蝴蝶勛章

Conophytum pellucidum ssp. *pellucidum* var. *terricolor*

●冬季型　●株高2〜5cm、株寬3〜8cm　●中

種小名「*terricolor*」有「大地色」的意思。特徵是葉頂端面有凹陷的半透明葉窗。市面流通的植株具個體差異。通常於秋季開白花。可透過分株法、種子播種法繁殖。

花車

Conophytum 'Hanaguruma'

●冬季型　●株高2〜5cm、株寬3〜8cm　●中

花車最大特徵是像風車般旋轉的「捲花」花瓣。日本培育出不少「捲花」品種，花車正是其中之一。生長勢強健，容易開花，會於秋季綻放橘色花朵。可透過分株法繁殖。

紫苑

Conophytum 'Shien'

●冬季型　●株高2〜5cm、株寬3〜8cm　●中

屬於倒圓錐形葉片的種類。稍帶圓潤感的葉片常形成群生狀態。屬於中型品種，生長勢強健且常開花。秋季綻放帶紫的粉紅色花朵。可透過分株法繁殖。

其他女仙類

科名：番杏科

原產地：非洲南部

大致分為冬季型與夏季型，兩者皆會綻放美麗花朵。有各式各樣的葉片形狀，如球形、細長形等等。冬季型的植株種類較多，夏季型則多半為矮小的灌木狀或塊根（莖）植物，較少有球狀多肉質品種。

神風玉
Cheiridopsis pillansii

●冬季型　●株高3～7cm、株寬2～5cm　●中

蝦鉗花屬。綻放直徑5cm以上的大花朵。春季開花，花色多樣化，有鮮奶油色、深橘色、淡粉紅色、紫色等。夏季乾燥時，需要多留意二點葉蟎蟲害。可透過分株法、種子播種法繁殖。

柯洛利修馬迪（音譯）
Cheiridopsis caroli-schmidtii

●冬季型　●株高2～5cm、株寬2～8cm　●中

蝦鉗花屬的原生種之一，是該屬中的小型品種，葉片細小，常形成群生狀態。綻放黃花。可透過分株法、種子播種法繁殖。

麗玉
Cheiridopsis vanzylii

●冬季型　●株高2～5cm、株寬2～8cm　●中

蝦鉗花屬。植株略顯圓潤，表面覆有粉末，十分有質感。春季開花，綻放直徑5cm左右的鮮黃色花朵。可透過分株法、種子播種法繁殖。

翔鳳
Cheiridopsis peculiaris

●冬季型　●株高3～8cm、株寬5～10cm　●中

蝦鉗花屬。園藝名稱取自鳥飛翔於空中的姿態。高溫多濕時期需多加注意以免腐爛，細心照顧以安然度過炎夏。春季綻放黃花。可透過分株法、種子播種法繁殖。

冰嶺
Cheiridopsis denticulata

●冬季型　●株高5〜7cm、株寬5〜10cm　●中

蝦鉗花屬。種小名有「像長牙般」的意思，葉片尖端有許多細小突起。葉片細長且覆有白粉。春季開花，花色豐富，從白色至粉紅色都有且帶有些許金屬感，非常漂亮。可透過分株法、種子播種法繁殖。

帝玉
Pleiospilos nelii

●冬季型　●株高2〜5cm、株寬3〜7cm　●中

葉花屬。近似半球體的厚肉質葉片對生。容易受到根粉介殼蟲侵害，需要定期移植換盆。通常於春季綻放橘色花朵，但依植株而異。單頭生長，不易生成子株，可透過種子播種法繁殖。

紫帝玉
Pleiospilos nelii 'Royal Flush'

●冬季型　●株高2〜5cm、株寬3〜7cm　●中

葉花屬。「帝玉」的紫色葉片園藝品種，原為日本的栽培品種。春季開花，明亮的玫瑰粉紅色花瓣與黃色花蕊形成強烈對比，格外引人注目。單頭生長，不易生成子株，可透過種子播種法繁殖。

白花章魚爪
Ebracteola wilmaniae

●冬季型　●株高3〜5cm、株寬3〜7cm　●中

青須玉屬，為原生種之一，生長勢強健。葉片又細又大時，容易形成群生狀態。春季開花，花色豐富，從白色至粉紅色都有，花瓣細長，格外顯得楚楚可憐。可透過分株法、種子播種法繁殖。

碧魚連
Echinus maximiliani

●冬季型 ●株高2～3cm、株寬5～10cm ●中

碧魚連屬。市面上有好幾種系統，有的體型大，有的長得像棵樹。照片中的品種其延伸的枝條會下垂或呈匍匐狀，而且容易開花，比較適合栽種於吊掛盆缽裡。春季綻放粉紅色花朵。可透過分株法、扦插法、種子播種法繁殖。

麗峰
Chephalophyllum 'Reihou'

●冬季型 ●株高5～10cm、株寬3～15cm ●中

旭峰花屬。葉片較為細長。該屬品種多半綻放紫色花朵，如照片中這樣綻放緋紅色花朵的植株相當珍稀。可透過分株法、扦插法繁殖。

早乙女
Glottiphyllum nelii

●冬季型 ●株高1～3cm、株寬3～10cm ●中

寶綠屬。種小名取自發現者的名諱。肉質葉片如俯臥於地面般呈扇狀生長。春季開花。可透過分株法、種子播種法繁殖。

快刀亂麻錦
Rhombophyllum nelii variegated

●冬季型 ●株高3～5cm、株寬3～7cm ●中

菱葉草屬。屬名是「菱形葉片」的意思。植株上遍布白色糊斑。生長緩慢，與綠色葉片的原生種相比，體型比較小。雖然春季會綻放黃花，但開花情況不佳。可透過分株法、扦插法繁殖。

碧玉
Antegibbaeum fissoides

●冬季型 ●株高3～5cm、株寬2～7cm ●中

銀麗玉屬。花形構造不同於藻玲玉屬，因此另外歸類為銀麗玉屬，1屬1種。「ante」是指「進化之前」的意思。植株喜好日照，容易形成20多株共生的群生狀態。春季開花。可透過分株法、種子播種法繁殖。

天女冠
Titanopsis schwantesii

● 冬季型　● 株高1～3cm、株寬3～10cm　● 中

天女屬。褐色葉片呈棍棒狀，葉片前端有圓形小突起，外形十分逗趣，常形成群生狀態。春季綻放黃花。可透過分株法、種子播種法繁殖。

光玉
Frithia pulchra

● 春秋型　● 株高1～3cm、株寬2～5cm　● 中

晃玉屬。一半埋於土面下，僅葉片前端露出地表。棍棒狀葉片尖端有半透明的葉窗，可以充分吸收日照。在原產地南非的光玉是夏季型，但由於不耐日本的高溫多濕，建議以春秋型方式加以管理。1屬1種。春季～夏季開花。可透過分株法、種子播種法繁殖。

唐扇
Aloinopsis schooneesii

● 冬季型　● 株高1～5cm、株寬2～10cm　● 中

鮫花屬。屬於粗枝幹的塊根（莖）女仙類植物。肉質葉片如地毯般生長，綻放帶有條紋圖案的花朵。為了突顯美麗的粗枝幹，淺植於盆缽裡就好。可透過分株法、種子播種法繁殖。

夕波
Corpuscularia lehmannii

● 春秋型　● 株高5～20cm、株寬3～15cm　● 中

麗人玉屬。紅色莖桿與灰綠色葉片形成強烈對比，格外有趣又搶眼。生長緩慢，但耐熱又耐寒，關東以西地區可全年置於戶外管理。春季至夏季綻放奶油色花朵。可透過分株法、扦插法繁殖。

淡青霜
Phyllobolus tenuiflorus

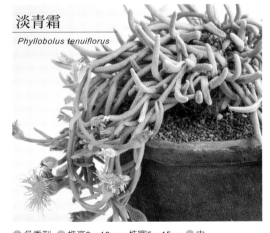

● 冬季型　● 株高3～10cm、株寬5～15cm　● 中

天賜木屬。粗枝幹的塊根（莖）女仙類植物。枝條下垂或匍匐於土面上，前端會開出粉紅色或奶油色花朵。為了突顯美麗的粗枝幹，淺植於盆缽裡就好。夏季落葉，僅枝幹進入休眠。可透過扦插法、種子播種法繁殖。

姬天女
Neohenricia sibbettii

●春秋型 ●株高1～2cm、株寬2～8cm ●中

天姬玉屬。枝條具匍匐性，因此植株如地毯般蔓延群
生。奶油色花朵散發鳳梨般的迷人香氣，於生長期間不
定期開花。可透過分株法、種子播種法繁殖。

紐碑吉娜（音譯）
Delosperma nubigena

●夏季型 ●株高3～5cm、株寬5～10cm ●中

露子花屬。屬於女仙類植物，耐熱又耐寒。圓形肉質小
葉片形成群生狀態。植株於春季～秋季生長期呈明亮的
翠綠色，而照片中為低溫期轉變為紫色。春季綻放黃
花。可透過分株法、扦插法繁殖。

斯本門多爾斯（音譯）
Delosperma sphalmantoides

●春秋型 ●株高1cm、株寬3～10cm ●中

露子花屬。細長葉片如地毯般蔓延而形成群生狀態。不
耐高溫多濕，建議夏季置於通風、半日陰處管理。主要
於春季開紫花。可透過分株法、種子播種法繁殖。

英多拉托
（音譯）
Ruschia indurata

●春秋型 ●株高1～2cm、株寬3～8cm ●中

舟葉花屬。細小葉片於短節間的枝條上重疊群生。春季
綻放粉紅色花朵，小花的直徑只有1cm左右。可透過分株
法、扦插法、種子播種法繁殖。

美鈴
Ruschia pulvinaris

●春秋型 ●株高5～15、株寬5～20cm ●中

舟葉花屬。枝條長到一定長度後傾倒匍匐於地面，常形
成直徑40cm左右的群生株，氣勢十足。日照若充足，就
容易開花。於春季綻放紫色花朵。可透過分株法、扦插
法、種子播種法繁殖。

花蔓草錦
Aptenia cordifolia variegated

●夏季型 ●株高3～10cm、株寬5～15cm ●中

露草屬。屬於常綠性植物，十分耐熱，夏季豔陽下也能
生存，但缺點是不耐寒。平時植株為綠色，低溫期會轉
紅。夏季開花，主要為桃紅色花朵。另外也有矮性種。

照波錦

Bergeranthus multiceps
variegated

● 夏季型　● 株高2～5cm、株寬3～5cm　● 中
照波屬。「照波（*Bergeranthus multiceps*）」的曙斑品種。
檸檬綠的新芽非常漂亮。停止生長後逐漸轉為一般綠
色。春季綻放黃花。可透過分株法繁殖。

浮舟

Stomatium peersii

● 夏季型　● 株高2～3cm、株寬3～8cm　● 中
夜舟玉屬。鋸齒狀葉片對生，形成地毯般的群生狀態。
春季綻放奶油色花朵，散發迷人香氣。可透過分株法、
種子播種法繁殖。

土柏羅森（音譯）

Mestoklema tuberosum

● 夏季型　● 株高5～
30cm、株寬3～20cm　● 強
梅廝木屬。粗枝幹的塊根
（莖）女仙類植物。耐熱
又耐寒，關東以西地區可
全年置於戶外管理。花色
為橘色，但花朵非常小，
極不起眼。可透過扦插
法、種子播種法繁殖。

千里光屬、厚敦菊屬 / Senecio, Othonna

科名：菊科

原產地：多肉植物主要原產於非洲

菊科的多肉植物並不多。「Senecio」是「老人」的意思。雖然千里光屬和厚敦菊屬是近緣關係，花的構造卻迥然不同。生長型包含冬季型與春秋型，絕大多數的植株綻放黃花。其中部分品種屬於塊根（莖）植物。

綠之鈴錦
Senecio rowleyanus variegated

● 春秋型 ● 株高1～3cm、株寬5～30cm ● 中

千里光屬。是另有「Green Necklace」英文名的「綠之鈴」錦斑變異種。葉上有奶油色錦斑，會於低溫期轉為粉色。除生長速度比綠之鈴慢，其他性質幾乎都相同。冬至春季開樸素白花。可透過扦插法、分株法繁殖。

京童子錦
Senecio herreanus variegated

● 春秋型 ● 株高3～5cm、株寬5～15cm ● 中

千里光屬。別稱「大弦月城錦」。葉片前端比「綠之鈴」尖一些，呈亮檸檬綠色，非常漂亮。莖桿不長，容易形成群生狀態。光線強烈時，部分黃斑轉為粉紅色，甚是美麗。可透過扦插法、分株法繁殖。

駿鷹（音譯）
Senecio 'Hippogriff'

● 春秋型 ● 株高5～15cm、株寬5～30cm ● 中

以「三爪上弦月（*Senecio Peregrinus*）」之名在市面上流通。是「七寶樹」和「綠之鈴」的交配品種，若莖桿超過10cm會下垂或匍匐於地面。葉片呈箭尾狀，性質近「綠之鈴」。開白花。可透過扦插法、分株法繁殖。

松鉾
Senecio barbertonicus

● 春秋型 ● 株高5～20cm、株寬8～15cm ● 中

千里光屬。生長快速且強健的常見品種。肉質線形葉片向上生長。莖桿易木質化，直立生長像棵小樹，容易分枝，能自行修剪成自己喜歡的外形。冬季綻放黃花，但植株必須夠大夠健壯才會開花。可透過扦插法繁殖。

鐵錫杖
Senecio stapeliiformis

●春秋型 ●株高5～15cm、株寬5～20cm ●中

千里光屬。地下莖的生長力比地面上的植株旺盛，建議栽培於大盆缽裡。照片裡的植株是國外進口品種，進口後經長年培育，現歸類為「鐵錫杖」系統，莖節上有突起，生長緩慢。可透過分株法、扦插法繁殖。

藍月光
Senecio vitalis

●冬季型 ●株高10～20cm、株寬10～20cm ●中

千里光屬。植株長高至15cm左右時開始分枝，形成漂亮的群生株。葉色呈綠中帶灰，冬季綻放白花，但開花情況不佳。生長速度快，夏季休眠情況不明顯。可透過扦插法繁殖。

清涼刀
Senecio ficoides

●冬季型 ●株高10～40cm、株寬10～20cm ●中

千里光屬。葉面上覆有薄薄一層粉末，藍灰色葉片看起來甚是清爽，也由於葉表面平坦且朝上生長，因此取名為「清涼刀」。體型比其他外觀形似的千里光屬植物高，分枝數則比較少。可透過扦插法繁殖。

銀月
Senecio haworthii

●冬季型 ●株高5～15cm、株寬5～10cm ●中

千里光屬。植株整體披覆毛氈般的白色纖維，備受花友喜愛。莖桿直立後開始分枝。發根、生長速度皆緩慢，流通於市面上的數量不多。冬季～初春綻放黃花。可透過扦插法、分枝法繁殖。扦插法的發根時間比較久。

蔓花月錦

Senecio jabosenii variegated

●冬季型 ●株高5～10cm、株寬5～15cm ●中

千里光屬。是具有匍匐性的原生種「蔓花月」的錦斑變異品種。肉質葉片扁平，低溫期轉為紫色。生長速度快且生長勢強健，可能會從群生株變回沒有錦斑的植株，所以需要定期修剪。可透過扦插法繁殖。

新月

Senecio scaposus

●冬季型 ●株高3～10cm、株寬10～15cm ●中

千里光屬。如P99的「銀月」品種，植株整體披覆毛氈狀白色纖維。莖桿不會直立生長，會維持蓮座狀並形成群生。基本種的葉片前端較細，另有葉片前端呈湯匙狀的「*Senecio scaposus* var. addoensis」品種。可透過分株法、扦插法繁殖。

黃花新月

Othonna capensis

●冬季型 ●株高3～5cm、株寬5～15cm ●中

厚敦菊屬。除照片中葉片呈灰綠色，莖桿粗且長的種類外，還有葉色為鮮綠色，莖桿細短的系統。不定期綻放黃花，沒有明顯的休眠期。可透過扦插法繁殖。

紫蠻刀

Senecio crassissimus

●冬季型 ●株高10～30cm、株寬5～15cm ●中

千里光屬。 葉片呈扁平紡錘狀，葉緣與莖桿為紫色。日照愈強烈時，紫色愈明顯。照片為國內原有系統，近年來也有葉片接近圓形的大型系統。冬季綻放黃花。可透過分株法、扦插法繁殖。

紫月

Othonna capensis 'Purple Necklace'

●冬季型 ●株高3～5cm、株寬5～20cm ●中

厚敦菊屬。「黃花新月」的紫色葉片品種。莖桿呈紫紅色，幼株的葉片較圓，隨生長而逐漸變細長。生長勢強健，沒有明顯的休眠期，這一點和「黃花新月」很像。

雪露厚敦菊

Othonna cyclophylla

●冬季型 ●株高10～30cm、株寬10～30cm ●中

厚敦菊屬。種小名的意思是「輪狀（cyclo-）」生長的「葉片（-phylla）」。屬於塊根（莖）植物，特徵是粗壯莖桿與檸檬綠葉片。生長期間的莖桿新生組織上覆有白色纖維，會隨生長逐漸消失。冬季綻放黃花。可透過種子播種法繁殖。

紫背厚敦菊

Othonna macrosperma

●冬季型 ●株高15～30cm、株寬5～15cm ●中

厚敦菊屬。種小名有「大種子」的意思。肥大基部是植株的特色之一。照片為分枝數量多的植株個體。枝條過長時，可進行修剪以調整外形。莖桿變粗時，薄皮會脫落變得光滑。冬季綻放黃花。可透過扦插法、種子播種法繁殖。

草莓厚敦菊

Othonna rechingeri

●冬季型 ●株高5～10cm、株寬5～15cm ●中

厚敦菊屬。照片中為草莓厚敦菊品種中的小型系統。走莖前端肥大的芽會發根，而走莖繼續蔓延並形成群生株。本品種具有匍匐性，由於栽種於吊掛盆缽中，匍匐莖因此向下垂掛。初春綻放不起眼的黃色花朵。可透過扦插法、分株法繁殖。

銀鱗草屬（含山地玫瑰屬）/ Aeonium

科名：景天科

原產地：加那利群島、維德角共和國、馬德拉群島、東非、阿拉伯半島等

本屬多半為灌木狀的多肉植物，但也有如「明鏡」般莖桿不直立的品種。幾乎所有種類會於開花後枯萎，若為「明鏡」等不長子株的種類，可於結花芽之前進行摘芯處理或取下種子。依照目前的分類，山地玫瑰屬也歸類為銀鱗草屬。

山地玫瑰翡翠球
Aeonium dodorantale
(Greenovia dodorantalis)

● 冬季型 ● 株高3～5cm、株寬5～15cm ● 中

以前為山地玫瑰屬。子株茂密間形成群生狀態。葉片於休眠期間像鬱金香花苞般閉合，進入生長期後才逐漸展開。可透過分株法、種子播種法繁殖。

富士白雪
Aeonium 'Fuji-no-shirayuki'

● 冬季型 ● 株高10～15cm、株寬5～15cm ● 中

自古培育的園藝品種，葉緣有白斑。多半形成半球形的群生株。葉片表面覆有短毛，摸了會有黏黏的感覺。可透過分株法、扦插法繁殖。

山地玫瑰
Aeonium aureum
(Greenovia aurea)

● 冬季型 ● 株高3～10cm、株寬5～15cm ● 中

以前為山地玫瑰屬。不長子株，以單頭形式生長。葉片於休眠期間像鬱金香花苞般閉合，進入生長期後才逐漸展開。開花後即枯萎，可透過砍頭（P118）使其長出子株，或者透過種子播種法繁殖。

毛山地玫瑰
Aeonium(Greenovia)
aizoon

● 冬季型 ● 株高3～5cm、株寬5～15cm ● 中

以前為山地玫瑰屬。性質類似「山地玫瑰翡翠球」，但葉片表面覆有短毛，摸了有黏黏的感覺。體型不大，植株整體略呈圓形的蓮座狀，常形成群生狀態。莖桿隨著生長而直立。可透過分株法、種子播種法繁殖。

明鏡
Aeonium tabuliforme

明鏡石化
Aeonium tabuliforme crested

●冬季型　●株高3〜8cm、株寬5〜30cm　●中

種小名有「形似桌子」的意思，特徵就是扁平的蓮座狀。翠綠色葉片表
面長有短毛。可透過分株法、種子播種法繁殖。右側照片為「明鏡」的
石化品種，體型小，不會長得太大。偶爾會變回普通的「明鏡」，再透
過此扦插法繁殖的話，就能栽培得大一些。

隱霜蓮
Aeonium canariense
ssp. *palmense*

sp. 錦
Aeonium sp. variegated

●冬季型　●株高5〜10cm、株寬10〜30cm　●中

莖桿不直立，葉片具有天鵝絨般的質感，外形呈蓮座
狀。部分單頭生長的植株於分枝後形成群生株，部分則
不會，形態因個體而異。可透過分株法、種子播種法繁
殖。

●冬季型　●株高3〜10cm、株寬5〜15cm　●中

實際品種未明，只知道是黃色外斑變異品種。葉片前端
向下彎曲，整齊排列的葉片呈蓮座狀，生長緩慢。可透
過扦插法繁殖。

小人之祭
Aeonium sedifolium

●冬季型 ●株高10～15cm、株寬5～15cm ●中

種小名有「葉片如景天屬般」的意思。置於光線充足的地方管理，植株會分枝得很漂亮，變成外形整齊的小灌木。葉片於夏季變小，進入休眠期。春季綻放黃花。可透過扦插法、種子播種法繁殖。

黑法師石化
Aeonium 'Zwartcop' crested

●冬季型 ●株高5～20cm、株寬5～10cm ●中

「黑法師（*Aeonium* 'Zwartkop'）」品種以黑色葉片聞名。黑法師有好幾個系統，有些葉片容易褪色，所以挑選時盡量選黑色品種。這個品種是黑法師的石化品種，生長緩慢。可透過分株法繁殖。

林德利（音譯）
Aeonium lindleyi var. *lindleyi*

●冬季型 ●株高5～20cm、株寬3～20cm ●中

具厚度的葉片密集生長在一起，形成群生狀態。莖桿直立生長，但植株變大後，枝條呈匍匐狀分枝。葉面的毛帶有黏性。春季綻放黃花。可透過扦插法、種子播種法繁殖。

摩南屬/Monanthes

科名：景天科	原生於岩石縫隙，與銀鱗草屬的親緣關係較為接近。不同於銀鱗草屬，摩南屬於開花後比較不會枯萎。植株多為小型品種，而且葉片偏小。生長型幾乎都是冬季型。市面上的流通量不多。
原產地：加那利群島、馬德里一帶	

巴連茲（音譯）
Monanthes pallens

● 冬季型　● 株高1～3cm、株寬3～10cm　● 中

葉片又圓又小。莖桿不直立，形成蓮座狀，通常短走莖也不會長得太長。容易生出子株而形成群生株。可透過葉插法、分株法、種子播種法繁殖。不耐高溫多濕，這一點需要特別留意。

樹摩南
Monanthes minima

● 冬季型　● 株高1～3cm、株寬1～3cm　● 中

照片中的植株為小型品種，走莖呈放射狀向上生長，走莖前端長出子株。市面上的植株具個體差異，大小不一。可透過葉插法、分株法、種子播種法繁殖。

香蕉摩南
Monanthes anagensis

● 冬季型　● 株高5～10cm、株寬5～10cm　● 中

種小名以其原產地的Anaga山脈命名。葉片小且莖桿直立，呈小灌木狀群生狀態。葉片平時為綠色，低溫期轉為粉紅色。延伸自葉莖的細長絲狀物為氣根。可透過分株法、葉插法繁殖。

疏花摩南
Monanthes laxiflora

●冬季型 ●株高5～10cm、株寬5～10cm ●中
葉片大且圓滾滾，葉色是帶灰的淺綠色。容易形成灌木
狀群生狀態。在摩南屬植物中算是比較耐熱的品種。可
透過葉插法、分株法、種子播種法繁殖。

壁生摩南
Monanthes muralis

●冬季型 ●株高3～8cm、株寬5～15cm ●中
一般葉片如照片所示呈褐色，但生長期間呈綠色。葉片
呈小型蓮座狀排列，莖桿匍匐生長並形成群生狀態。以
扦插法繁殖時，只需要置於土上即可發根。另外也可透
過葉插法、分株法、種子播種法繁殖。

摩南景天
Monanthes brachycaulos

●冬季型 ●株高1～3cm、
株寬3～10cm ●中
水嫩的翠綠色葉片排列成
蓮座狀，走莖蔓延形成群
生株。春季綻放小花，花
形有點與眾不同。可透過
葉插法、分株法、種子播
種法繁殖。

仙女杯屬/Dudleya

科名：景天科	生長在斜坡或臨海峭壁上。市面上流通的品種多半覆有白粉，具
原產地：美洲西部、加利福尼亞島	有非常高的觀賞價值，但在原生地，即便是同樣品種，部分植株並不具白粉。需留意給水時，白粉易將水珠彈開，進而造成蓮座狀中央部分積水而過於潮濕。

奧特奴阿塔
Dudleya attenuata

● 冬季型 ● 株高10～15cm、株寬10～15cm ● 中
細長葉片呈蓮座狀排列。葉片圓潤，前端呈鈍圓狀。特色是葉片前端呈粉紅色。春季綻放黃色花朵。可透過扦插法、種子播種法繁殖。

奴婢吉娜
Dudleya nubigena

● 冬季型 ● 株高5～10cm、株寬10～15cm ● 中
如「奧特奴阿塔」品種，細長葉片呈蓮座狀排列，但奴婢吉娜的葉片較為平坦一些，前端也比較尖銳。舊學名為「*D. xanti*」。可透過扦插法、種子播種法繁殖。

法瑞諾莎
Dudleya farinosa

● 冬季型 ● 株高5～10cm、株寬5～10cm ● 中
種小名「*farinose*」有「粉末狀」的意思，最大特徵就是植株整體披覆白色粉末。寬版葉片的前端呈三角形。春季綻放奶油色花朵。可透過扦插法、種子播種法繁殖。

格諾瑪
Dudleya gnoma

● 冬季型 ● 株高3～10cm、株寬3～10cm ● 中
葉片呈小型蓮座狀排列，容易形成群生株。植株整體披覆白粉，葉片前端和花莖呈粉紅色。春季綻放奶油色花朵。可透過扦插法、種子播種法繁殖。

奇峰錦屬 / Tylecodon

科名：景天科

原產地：南非、納米比亞共和國

為基部肥大的塊根（莖）植物。肉質葉片呈獨特造形。夏季落葉，秋季長新芽。花朵稍顯不起眼，多於休眠前的春季綻放。需特別留意夏季的潮濕。奇峰錦屬植物中的品種雖然都有相似的學名，但生長型完全不同。

●生長型 ●基本尺寸 ●耐寒度

瑞堤雷德斯（音譯）

Tylecodon reticulatus ssp. *reticulatus*

●冬季型 ●株高10～50cm、株寬5～30cm ●中

莖桿又白又粗，照片中為細葉品種，但未必所有植株都一樣。生長速度不快，但生長勢強健且好養。花莖分出細枝，枯萎後仍殘留於植株上。可透過扦插法、種子播種法繁殖。

費洛波迪恩（音譯）

Tylecodon reticulatus ssp. *phyllopodium*

●冬季型 ●株高5～10cm、株寬3～10cm ●中

小型亞種，具個體差異。亞種名「*phyllopodium*」是「葉基部呈突起狀」的意思。肉質根莖處會長出許多短分枝。可透過扦插法、種子播種法繁殖。

阿房宮

Tyrecodon paniculatus

●冬季型 ●株高10～40cm、株寬10～20cm ●中

奇峰錦屬大型品種，在原生地阿房宮可長至2m高。種小名有「圓錐狀」之意。葉片會轉紅，綠色莖桿表面光滑。莖桿會隨著生長變粗並脫落一層米色薄皮。夏季落葉進入休眠期。可透過扦插法、種子播種法繁殖。

佛垢裏

Tylecodon buchholzianus

●冬季型 ●株高5～15cm、株寬3～10cm ●中

生長緩慢，但獨特姿態深受花友喜愛。莖桿容易分枝，頂端長出檸檬綠的肉質葉片，但葉片很快就會脫落。春季綻放褐中帶紫的花朵。可透過扦插法繁殖。

其他冬季型多肉植物

科名、屬名、原產地皆個別註明。

未歸類於屬群的多肉植物數量雖多，但多以冬季型方式栽培。其中絕大多數天竺葵屬多肉植物以一般花草之名流通於市面，但部分冬季型多肉植物則擁有可供觀賞的奇特塊根（莖）與美麗花朵。如「龜甲龍」就是相當受歡迎的塊根（莖）多肉植物品種。

紅花洋葵
Pelargonium incrasatum

● 冬季型　● 株高5～10cm、株寬10～20cm　● 中

牻牛兒苗科天竺葵屬。原產地為南非。土裡的莖桿形成塊根（莖），葉色呈銀白色。夏季落葉並進入休眠期。春季綻放桃紅色花朵。可透過分株法、種子播種法繁殖。

沙漠洋葵
Pelargonium alternans

● 冬季型　● 株高5～20cm、株寬3～20cm　● 中

牻牛兒苗科天竺葵屬。原產地為南非。植株具個體差異，部分植株枝幹細長，外形呈灌木狀；部分植株的粗大塊根（莖）會長出短枝。另有別名香葉天竺葵、枯葉洋葵。春季開白花。可透過扦插法、種子播種法繁殖。

羽葉洋葵
Pelargonium appendiculatum

● 冬季型　● 株高5～15cm、株寬10～20cm　● 中

牻牛兒苗科天竺葵屬。原產地為南非。多肉型的莖桿長出茂密且蓬鬆的銀白色葉片。春季開花，主要為奶油色花朵，部分花瓣上有紅色斑點。一般透過種子播種法繁殖，但分株法或許也可行。

海帶彈簧草
Trachyandra tortilis

●冬季型 ●株高5～10cm、株寬5～10cm ●中
黃脂木科（阿福花科）粗蕊百合屬。原產地為南非。葉片
開始生長時，若置於日照佳且通風的場所，葉片的彎曲
程度會更加明顯。夏季落葉，僅肥大的根莖進入休眠。
冬末綻放白色花朵。可透過分株法繁殖。

溫達骨葵
Sarcocaulon vanderietiae

●冬季型 ●株高10～20cm、株寬10～30cm ●中
牻牛兒苗科龍骨葵屬。原產地為南非。分枝後呈灌木
狀。生長緩慢，夏季落葉並進入休眠期。春季開花，呈
白色～淡粉紅色。扦插法的發根時間很長，並非簡單的
繁殖方法，但仍可嘗試。建議透過種子播種法繁殖。

龜甲龍
Dioscorea elephantipes

●冬季型 ●株高5～30cm、株寬5～30cm ●中
薯蕷科薯蕷屬。原產地為南非，所以也稱「南非龜甲
龍」。肥大的塊根（莖）形似龜殼，植株長得愈大，裂縫
就愈多。心形葉片具蔓性，會隨季節轉為紅色。建議在
盆缽裡插入花架供植株攀爬。夏季落葉並進入休眠期。
可透過種子播種法繁殖。

二盃
Umbilicus rupestris

●冬季型 ●株高3～8cm、株寬5～15cm ●強
景天科臍景天屬。原產地為西歐、南歐、地中海沿岸。
屬名的拉丁語為「肚臍」之意，取名自圓形葉片中心向
內凹陷的形狀。分布區域廣泛，植株具個體差異，流通
於日本的品種屬於較耐寒的系統。夏季落葉並進入休眠
期。春季開白花。可透過分株法、種子播種法繁殖。

2

多肉植物的
栽培管理

多肉植物的栽培管理其實既簡單又輕鬆，
只需要做好防寒和防曬工作，
無需多費功夫也能長得非常好，
而且小小一個盆缽一點也不占空間。
栽培多肉植物時最重要的一點就是確認生長型，
然後再依照生長型決定擺放地點和給水就可以了。
只要多留意這幾點，就幾乎不會失敗。
另一方面，本書也會介紹
花友間常使用且引以為樂趣的繁殖方法。

三種生長型與栽種管理月曆

多肉植物的生長型依照溫度和日照長短而有所不同，在日本依容易生長的時期（季節）
大致分為「春秋型」、「夏季型」、「冬季型」三種。
確實掌握三種類型的性質，有助於日後的輕鬆管理。

春秋型

擬石蓮屬「桃太郎」

生長適溫為10～25℃，於春季與秋季生長。絕大多數品種會因夏季過熱導致生長緩慢，因冬季過冷而進入停止生長的休眠期。夏季控制給水，強制進入休眠對植株來說有益無害。多數品種喜好強光，但也有不耐日曬的種類，例如十二卷屬（尤其是軟葉系統）。春秋型特徵是整體氣氛類似一般花草。

▶ 栽培管理重點
多留意夏季時植根的腐爛與悶熱。留意冬季的低溫與過度潮濕。春秋型的植物中，不少品種的莖葉偏軟，需要多加留意溫暖期的病蟲害防治。

▶ 代表性族群
景天科（擬石蓮屬、景天屬、瓦松屬、長生草屬等）的植物幾乎都為春秋型，另外還有部分青鎖龍屬、虎耳草屬、十二卷屬等。

夏季型

蘆薈屬「千代田錦」

生長適溫為20～30℃，於夏季生長，冬季進入停止生長的休眠期。春季與秋季的生長速度緩慢。多數品種喜好強光。特徵是莖葉如仙人掌般偏硬，外形比較陽剛。多數品種不容易受到病蟲害侵襲，好養又好管理。

▶ 栽培管理重點
根部一旦於冬季時腐爛，最後可能導致失敗。冬季需要完全斷水，並注意低溫。

▶ 代表性族群
蘆薈屬、厚舌草屬、大戟屬、龍舌蘭屬、虎尾蘭屬、棒錘樹屬、鳳梨科、伽藍菜屬、部分青鎖龍屬。

冬季型

肉錐花屬「稚兒姿」

生長適溫為5～20℃。降到一定溫度後才開始生長，亦即入冬後的生長勢比較旺盛，但也不代表能夠承受非常低的氣溫。氣溫過高時進入休眠，因此春秋季的生長速度變慢，入夏後則停止生長並進入休眠期。夏季置於明亮半日陰處管理，避免陽光直射。多數品種獨具個性，深受花友喜愛。

▶ 栽培管理重點
夏季時根部腐爛與悶熱容易導致失敗。建議夏季斷水，或者依照品種特性於葉片上澆水。冬季要留意霜害。

▶ 代表性族群
幾乎女仙類多肉植物都是冬季型，另外還有千里光屬、部分厚敦菊屬、部分景天科（銀鱗草屬、仙女杯屬、奇峰錦屬、摩南屬、部分青鎖龍屬）。

＊此栽培管理月曆主要適用於關東以西的地區

表一

	1月	2月	3月	4月	5月	6月	7月	8月	9月	10月	11月	12月
生長情況	停止生長・休眠		生長緩慢		生長		停止生長・休眠			生長	生長緩慢	停止生長・休眠
放置地點	日照良好的屋內		日照良好的屋內（白天置於戶外）		通風良好且日照充足		明亮的半日陰（有雨遮的地方）			通風良好且日照充足		日照良好的屋內
給水	1個月1～2次葉片澆水		逐漸增加	土面乾了就給予大量足夠的水分			逐漸減少	1個月1～2次葉片澆水		土面乾了就給予大量足夠的水分		1個月1～2次葉片澆水
肥料				1次緩效性化學合成肥料（或1週1次液體肥料）						1次緩效性化學合成肥料（或1週1次液體肥料）		

表二

	1月	2月	3月	4月	5月	6月	7月	8月	9月	10月	11月	12月
生長情況	停止生長・休眠			生長緩慢		生長				生長緩慢	停止生長・休眠	
放置地點	日照良好的屋內		日照良好的屋內／通風良好且日照充足		通風良好且日照充足（部分種類於夏季時置於明亮半日陰處）						日照良好的屋內	
給水	斷水			逐漸增加		土面乾了就給予大量足夠的水分				逐漸減少	斷水	
肥料					2個月1次緩效性化學合成肥料（或1週1次液體肥料）							

表三

	1月	2月	3月	4月	5月	6月	7月	8月	9月	10月	11月	12月
生長情況	生長				生長緩慢		停止生長・休眠			生長緩慢	生長	
放置地點	日照良好的屋內				涼爽且明亮的半日陰處（避免高溫多濕）					通風良好且日照充足	日照良好的屋內	
給水	土面乾了就給予大量足夠的水分				逐漸減少		斷水（必要時幫葉片澆水）			逐漸增加	土面乾了就給予大量足夠的水分	
肥料	2個月1次緩效性化學合成肥料（或1週1次液體肥料）									2個月1次緩效性化學合成肥料（或1週1次液體肥料）		

挑選幼苗、栽培介質、種植方式

購買幼苗時，無論購買前或購買後，總之務必確認植栽的生長型。
想將植株養得健康又美麗，種植前應慎選適合植株的栽培介質與盆缽。
現在讓我們一起來瞭解挑選幼苗、栽培介質與種植時的注意事項。

挑選幼苗

選擇莖葉茂密且健壯的植株

盡量挑選植株茂密、葉片飽滿的幼苗，不要挑選下方葉片掉落、莖桿徒長、葉色淡且無光澤的幼苗。然而實際上要挑選到十全十美的幼苗並不容易，可試著挑選狀態稍微差強人意的幼苗，回家後再進行修剪與移植，重新賦予新生命（P117）。

○ **良好的幼苗**
葉色漂亮，莖葉飽滿且植株茂密。照片為「塔椒草」。

△ **狀態差的幼苗**
下方葉片脫落，莖桿徒長。

關於栽培介質

重視排水性！依情況選用栽培介質

栽培多肉植物，有時需依植栽生長期嚴格保持乾燥，比其他一般花草更加重視排水，因此建議使用排水性良好的栽培介質。可直接購買市售的多肉植物專用培養土或自行調配，大家可以參考以下兩種調配方式。

排水性良好的培養土
稻殼炭 1
珍珠石 1
赤玉土小顆粒 2
河砂（桐生砂等）2
鹿沼土小顆粒 2
PH值調整至近中性的泥炭土（或腐葉土）2

保水性良好的培養土
稻殼炭 2
赤玉土小顆粒 2
鹿沼土小顆粒 2
PH值調整至近中性的泥炭土（或腐葉土）4

建議塊根（莖）多肉或大型植栽等根部易爛種類使用此類栽培介質，並依植物種類給水。

不需要頻繁給水。使用6號以上的盆缽時，先於盆底鋪石粒。

種植（換盆）

入手後先換盆

市售的幼苗通常依生產者或販售者的習慣而栽種在各式各樣的栽培介質中。買回來之後，換掉舊土並移植到自己容易管理的栽培介質中，植株會長得更好。除了定期在適當時機（P116）移植換盆外，也要隨時視情況幫植栽更換盆缽。任何材質的盆缽都可以，選擇塑膠盆或觀賞盆時，建議盆缽底部的洞孔要大一些。若想減緩排水速度，建議使用素燒盆。

1

準備一個比幼苗大一輪的盆缽。盆缽若過大，根部容易因為培養土不容易乾燥而腐爛。照片為「大雪蓮」。

2

不要傷到幼苗，小心地將幼苗自舊盆拔起來。仔細觀察植栽根部，根部若有糾纏情況，或者需要使用保水性較佳的介質，就更需要換盆。

3

用手輕輕撥掉根部側邊和底部的舊土。

4

新盆缽底部先鋪好一片網子，在幼苗與盆缽間倒入新的乾燥介質。

5

為避免產生空隙，用竹筷將介質確實填入。盆土不可與盆緣齊高，應預留1～2cm的蓄水空間。

6

完成。換盆後一星期內不給水，徹底保持植栽乾燥，這個步驟有助於防止根部腐爛。

每日管理（擺放場所、給水、肥料）

多肉植物的原生地多半是日照強烈且乾燥的地區。
根據各植物的生長型，盡量提供最接近原生地的生長環境。
休眠期不給水，有助於將失敗率降至最低。

擺放場所　掌握植物的基本生長週期

●春秋型

基本上，生長期間（春、秋季）置於通風與日照充足的地方，夏季置於不會淋雨且明亮的半日陰處（遮光率30～50%），冬季置於日照良好的屋內（P113月曆）。耐寒的景天屬和長生草屬等在冬季可置於戶外有充分日照的地方管理。十二卷屬偏好光線弱的地方，以觀葉植物的方式照顧會長得比較好。

●夏季型

基本上，生長期間（夏季）置於通風與日照充足的地方，休眠期（冬季）置於日照良好的屋內（P113月曆）。要自屋內移往戶外的時候，先盡量長時間置於室內較溫暖的地方讓植栽適應。將厚舌草屬植物全年置於屋內明亮的半日陰處，生長情況會比較好。

●冬季型

基本上，生長期間（冬季）置於日照良好的屋內，休眠期（夏季）則置於不會淋雨的明亮半日陰處（P113月曆）。生長期的最佳擺放場所是面朝西南方的窗邊等日照時間長的地方。為避免植栽溫度過高，可於晴朗的白天置於戶外透透氣。不耐高溫多濕，建議休眠期最好置於北邊通風良好處，小心不要淋雨並盡量保持涼爽。

給水　生長期給予大量充足的水分，休眠期斷水

●生長期

栽培多肉植物時，最重要的關鍵就是給水，必須依生長期與休眠期給予不同水量。在生長期間，土面變乾時就要給予大量足夠的水（P113月曆）。進入生長期前，逐漸增加給水次數；進入休眠期前，逐漸減少給水次數。冬季型植物不能因為正值生長期而在寒冷冬天裡大量給水，這樣反而容易導致根部腐爛，必須視情況於晴朗的上午給水。肉錐花屬、生石花屬植物給水過多的話，植株恐容易裂開，最好於土面乾了3～4天後再給水。

生長期的給水，可使用裝了花灑的澆水壺澆水。可以直接澆淋在花上，但要採集種子的話，則不可將水直接淋在花上。

●休眠期

造成多數多肉植物失敗的原因之一，就是休眠期給水。夏季型植物於冬季休眠期給水的話，植栽容易因為寒冷而受傷，應該完全斷水。跨越夏季的春秋型植物，則要以節水為主，1個月1～2次即可，黃昏或夜晚時適當澆水於葉片上（用澆水壺從葉片上澆水，約半天會乾的水量）。冬季型且不耐乾燥的青鎖龍屬、千里光屬、銀鱗草屬、摩南屬等植物，同樣採用從葉片上澆水的方式。耐乾旱的厚敦菊屬、奇峰錦屬等植物，若置於日照弱的地方，完全斷水1個月左右也沒有問題。

肥料　僅在生長期施肥

●生長期

施肥時可使用氮、磷、鉀三元素等比例調配的緩效性肥料（N：P：K＝10：10：10等），或者氮含量較多的液體肥料（N：P：K＝7：4：4等）。使用緩效性肥料（固體肥料）時，用量無需太多，約2個月施肥1次。使用液體肥料時，依規定稀釋成2倍，1星期施肥1次。請特別留意一點，會轉紅葉的種類若於秋末施肥，葉色可能不如預期中漂亮。至於休眠期則完全不施肥。

固體肥料必須溶解於水中才有效，應稍微埋於土裡，效果才會好。

移植、重新栽種（截剪、扦插）

多肉植物不需要頻繁移植，但建議栽種1～3年後進行移植換盆，
不僅有助於確認植栽和根部情況，也能促使新根生長。
植栽姿態若雜亂不成形，也可以趁機適當修剪，重新找回美麗外觀。

植栽過大、長得太擁擠、水分不容易滲透至土裡等等，有這些情況時就需要移植。避開梅雨季和進入停止生長的休眠期之前，於適期（主要為休眠期結束後至生長期初期）內進行移植作業。移植步驟如P114中介紹過的種植方式，但這裡可以多撥掉一些依附在根部上的舊土。確實移除舊土，並剪掉受損根部。移植換盆後置於有雨遮且明亮的半日陰處1～2週，約莫1星期後再給水。

● 適期（避開梅雨季）
春秋型：3～5月、9月下旬～10月上旬
夏季型：4～8月
冬季型：9月中旬～隔年3月

● 移植頻率
景天科等生長快速的種類：1～2年1次
塊根（莖）等生長緩慢的種類：2～3年1次

這些植栽需要移植作業

對盆缽來說，植栽已經過大

對盆缽來說，土面上的部分過大，致使植栽因平衡不佳而有傾斜、傾倒的情況。看不清楚盆缽裡的根，但其實根部已經糾結在一起。照片為青鎖龍屬的「筒葉花月」。

枝葉徒長且生長狀況差

徒長的枝葉已經超出盆缽外，而且下方葉片不斷脫落。這種狀態下，植栽的生長情況可能不太好、栽培介質太老舊、根部也可能已經老化。照片為青鎖龍屬的「魯本卡洛斯（音譯，Crassula rubricaulis）」。

葉片前端枯萎，水分無法確實送達

如照片所示，葉片前端枯萎，根部盤繞而糾結在一起。由於根部糾結，導致水分無法確實送達至整個植栽。照片為硬葉鳳梨屬的「沙漠鳳梨（Dyckia sp.）」。

給水、施肥卻還是無法依原本的速度生長

已經給水、施肥了，卻依然了無生氣，無法以原本速度生長，可能是栽培介質老舊、根部老化造成。取出植栽時，老舊的土崩解。照片為伽藍菜屬的「白銀之舞」。

姿態雜亂的植栽於移植換盆的同時，可以稍微修剪一下以調整造形。想要植栽以原本面貌持續長大，只要切除枯萎、受傷的莖葉並重新換個盆缽就可以了。另一方面，想要植栽小巧玲瓏，則取過長的莖桿，並從長出側芽的上方處剪掉即可，但這種植栽的下方葉片通常會有容易脫落的情況發生，可將截短的枝莖前端當作插穗，直接插入新的栽培介質中進行扦插。扦插也可以用來繁殖新植株。

方式 ① 整理枯萎的莖桿，移植到大一點的盆缽中

P116中介紹過的「魯本卡洛斯（音譯，Crassula rubricaulis）」。莖桿明顯枯萎。

剪掉枯萎的莖桿。莖桿上起皺褶、乾燥無光澤，削掉其表皮後，可以看到裡面的組織都枯死了。

將枯萎莖桿、受傷莖桿、過於擁擠的莖桿修剪過後的狀態。移植到大一點的盆缽後，再次從下方長出新芽。

方式 ② 取莖桿前端進行扦插，將大植株縮小

1 用剪刀取下莖桿前端作為插穗用。使用銳利的剪刀比較不會傷到莖桿組織，有利於早日發根。

2 為避免插穗的芽尖彎曲，可先將插穗垂直插入小盆缽裡3～4天，讓切口完全乾燥。

3 盆缽裡填裝新的乾燥介質，用竹筷挖洞後將插穗插進去。

4 完成。發根後的插穗生長茂密的話，可以再一次進行移植。

可自行決定插穗大小！

1 希望植栽大小跟原本一樣時，可剪下一段較長的莖桿當作插穗。

2 剪下好幾段插穗。如方式②的步驟**2**，同樣要讓插穗的切口完全乾燥。

3 盆缽裡填裝新的乾燥介質，插入插穗後就完成了。

Point!

扦插成功的 5大關鍵點

①選擇無病蟲害、無徒長、健康的莖桿當插穗。
②插穗的切口務必要完全乾燥。
③使用新的乾燥介質。
④扦插後不給水，維持一星期的斷水。
⑤扦插後置於明亮但太陽不會直射的地方。

分株

植栽大到爆盆或長得過於擁擠時，需要進行分株處理。

作業適期同移植（P116）。

群生株、有走莖蔓延的植株等，

請依照其特性進行分株作業。

（P116）

群生的種類

密集生長的植株過於擁擠

將群生株分出單獨1株或數株的方法。單頭生長比較能夠展現美麗姿態的種類（如十二卷屬、龍舌蘭屬等），要定期分成1株1株。而景天屬等多呈地毯狀群生的植株或共生在一起比較優美的種類，則每數株分成一盆。神須草屬等群生株無法用手一一分開，可利用剪刀或刀子從蓮座狀相連部分切開。

在盆缽裡呈群生狀態的十二卷屬「青雲之舞」。

從盆缽中取出植栽，將沾附在根部上的土剝下來。

剪短根部，大約一半的程度。

小心地將群生株一一分開。

用剪刀剪掉受傷的根部，留下1cm左右的老根就好。白色根是新生根，務必留下來。

1株1株分好的狀態。下方為親株，上方為子株。

將單株或數株栽種至新的乾燥介質中。

完成。移植後先不給水，約1星期之後再澆水。

Point! 砍頭的方法

不容易長出子株的種類（尤其是開花後即枯萎的種類），可依照下面步驟進行砍頭作業以促進子株生長。

①保留底下1～2層葉片，也就是用刀子以平行於地面的方式從生長點（芽）下方平切。

②注意不要澆水，務必使切口處完全乾燥。大約1個月後會長出子株。

＊切下來的部分其切口處也要保持乾燥，長芽後可以重新植入土中。短莖型植物，以刨挖生長點的方式入刀，透過摘心以促使子株生長。但這樣的情況下，切下來的部分就不適合繼續使用了。

地下莖蔓延的種類

自盆缽取出植栽，有地下莖蔓延的種類

這種分株法適合親株長出地下莖，地下莖再形成子株的種類。若不分開親株與子株，部分子株會因為受到親株影響而於開花後同親株一起枯死。於適當時機將親株與子株分開，可以提高子株的生存率。千里光屬、虎尾蘭屬、部分龍舌蘭屬都屬於這種類型。

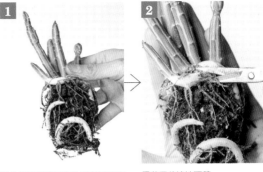

1 粗大地下莖與地面上的莖連接在一起。照片為千里光屬的「鐵錫杖」。

2 用剪刀剪掉地下莖。

3 將地下莖剪成數段。沒有上半部的植株也能存活。地下莖切口容易腐爛，務必放置陰涼處2～3天，使其自然乾燥。

4 栽種於新的乾燥介質中。種植後先不給水，大約1週後再澆水。

5 只種植地下莖的話，地下莖的生長點（生長方向的前端）要朝上。

6 用介質蓋住地上莖，生長點記得要露出土面外。種植後先不給水，大約1週後再澆水。

走莖蔓延的種類

子持蓮華屬於這種類型

相對於地下莖生長於土面下，長自親株的走莖（匍匐莖）則走蔓於土面上，走莖前端同樣會長出子株。子株發根時，只要有土，根部就會往土面下生長，然而走莖一旦長出盆缽外，子株便難以著根。建議子株長到一定程度後，最好與親株分離並另外移植。長生草屬、瓦松屬、部分千里光屬皆為這種類型。

1 照片為厚敦菊屬的「草莓厚敦菊」，長長的走莖上長出子株。有小型塊根。

2 子株發根後，最好將走莖剪下來。

3 剪自走莖的子株，靜置3～4天讓切口自然乾燥。

4 利用竹筷，將子株栽種於新的乾燥介質裡。

5 配合子株大小，可同時將數株合種在一起。

繁殖（葉插、根插）

扦插種類繁多，包含根插、葉插等。
取部分根或葉作為插穗，插入土中以繁殖新生株的方法。
雖然無法立即長出新生株，但觀察生長過程也是栽培多肉植物的樂趣之一。
請大家務必嘗試挑戰一下。

葉插

使用植株下方健康飽滿的葉片

葉插法是極為簡單的繁殖方法。只要將葉片一一排列在栽培介質上就可以了，雖然簡單，但發根和發芽情況各有不同。新子株從葉片基部長出來，所以取葉片作為插穗時，要小心勿彎折葉片。通常下方葉片比較飽滿。容易輕鬆取下葉片的種類比較適合進行葉插法。

照片為天錦章屬的「神想曲」。以左右晃動的方式從葉片基部輕輕摘取下方葉片。

沒有葉片基部就無法發根，摘取葉片時務必小心。取下葉片後要確實讓切口處乾燥。

將葉片基部置於栽培介質上。深深插入介質裡的話，葉片反而不容易發根、發芽。

如照片所示靜置一段時間。不需要在葉片上覆蓋栽培介質。葉插後先不給水，於3～4天後再澆水。

同樣品種的葉片（上），發根的模樣（中）、發芽的模樣（下）。大約需要1～2個月才會發芽。

根插

有牛蒡狀肥大的根，適合根插法

主要是十二卷屬的「萬象」、「玉扇」等採用的繁殖方法。自葉片與根部連接處取下粗大的根，將作為插穗的根種在土裡，務必讓根基部露出土面外。挑選插穗時，不要選白色的新生根，盡量選粗大、健康的褐色根。親株沒有粗根，同樣能繼續生長。

照片為十二卷屬的「玉扇」。除細根外，也有一些相對粗大的根。

盡量挑選粗大的褐色根。自葉片與根部連接處小心取下粗根。

取下數個粗根，置於陰涼處3～4天，讓切口乾燥。

將作為插穗用的根種入介質裡，但根基部要露出表面0.5cm左右。根插後先不給水，於3～4天後再澆水。

新芽自根部上方長出來。照片為根插半年後的狀態。

Q&A 解決栽種多肉植物的小煩惱

Q1 莖桿變褐色，好像枯萎了。怎麼做才能起死回生？

【A】截短使其再生。

多肉植物的莖葉枯萎，或者植株整體枯萎、生長勢變差的原因，多半出在「根部腐爛」。莖葉起皺褶、根部發黑或變色等都是根部腐爛的徵兆。若植株還有未枯萎的翠綠部分，請將這一部分剪下來當插穗，栽種於新的栽培介質裡便能重新再生（P117）。

兩邊同樣都是景天屬多肉植物。雖栽種於同一個盆缽裡，但左側植株狀態佳，右側植株因根部腐爛而變成褐色。

剪下未枯萎的部分（照片中僅剪下植株前端部分），待切口處乾燥後重新扦插。

建議
「根部腐爛」的主要原因為過度給水。如同一般花草，先不論季節問題，若每天都澆水的話，非常容易造成根部腐爛。務必留意休眠期要斷水（P115）。盆缽底部的小盤子積水、盆缽太小導致根部糾結，這些情況都容易造成根部腐爛。

Q2 葉片表面有點潰爛，有什麼解決對策嗎？

【A】移至陰涼處管理。

葉片圓潤飽滿，但只有表皮部位狀況不佳，這恐怕是「灼傷」。多數多肉植物喜好日照充足的環境，但長時間曝曬在強光和高溫下，或者原本習慣屋內環境的植栽突然被置於陽光直射的地方，都可能因灼傷導致葉片變黃、變褐色。葉片一旦灼傷，就無法恢復原本的模樣，但至少要盡快把植栽移至涼爽且通風的地方。

建議
灼傷葉片經過一陣子之後會變成結痂狀態，但這不會影響生長。肉錐花屬等女仙類植物，老舊葉片到了一定時間會自然脫皮，到時就能恢復原本漂亮的葉表皮。至於不會脫皮的種類，則等待形成子株後再汰舊換新即可。

Q3 想要欣賞葉色轉紅的雅趣，但葉色的轉換卻不如預期，為什麼呢？

【A】缺乏日照與低溫等要素。

多肉植物的魅力之一就是部分品種到了某個季節會自動轉換顏色。如同其他植物，多肉植物的葉色轉換也需要冷熱溫差和日照這兩個要素。希望葉色轉變成漂亮的紅色，就要將植栽放在有雨遮的屋外，既能避免淋雨和霜害，又能具備低溫和日照這兩大要素。另外一個重點就是紅葉期不可以施肥（P115）。若無法置於屋外栽培，就盡量將植栽擺在沒有暖氣且日照充足的窗邊。

同樣都是青鎖龍屬的「火祭」，左盆全年擺放在屋內，右盆則置於低溫的戶外。

Q4 該怎麼處理枯萎的葉片和葉表皮

【A】隨時摘除。

擬石蓮屬等呈蓮座狀的種類會隨著下方與外側葉片枯萎而逐漸變大。同時也為了避免葉片過於悶熱，一旦看到枯葉，就要隨時摘除。另外，女仙類的肉錐花屬植物，進入秋季生長期前，要先剝掉舊皮，也可以於開花期間進行。若少了這個步驟，舊皮會於澆水後產生皺褶。

摘除掉枯萎的外側葉片。照片為景天屬的「木樨景天」。

看到舊皮時，可用手指輕鬆剝除。舊皮位於葉片與葉片間，或者舊皮比較薄時，使用鑷子輔助，記得動作要輕柔小心，勿傷及莖葉。照片為肉錐花屬的「小槌」。

Q5 應該多注意什麼樣的病蟲害？

【A】依時期和植物種類會出現各種病蟲害。

冬季的病蟲害相對較少，而春季開始回暖時，病蟲害就漸漸多了起來。多留意下方幾種蟲害，一旦發現就立即驅除。

介殼蟲 ▶ 全年
常見於擺放在屋內栽培的植栽或新芽上。一旦發現，可用牙刷輕輕刷掉或用水沖掉。

蚜蟲 ▶ 2～7月
常見於莖葉柔軟的植栽上。一旦發現，可用牙刷輕輕刷掉或用水沖掉。

薑蚋 ▶ 2～6月、9～10月
置於室內管理的冬季型品種，當栽培介質過於潮濕時，容易出現這種蟲害，應盡量保持介質乾燥。十二卷屬的「刺玉露」最容易遭到薑蚋襲擊。

二斑葉蟎、薊馬 ▶ 4～10月
植栽過於乾燥時容易滋生二斑葉蟎。二斑葉蟎喜歡附在新芽、花芽等柔軟部位，量大時以殺蟲劑噴灑。大戟屬種類於初夏時應特別留意。另一方面，薊馬比較容易出現在開花時期。

軟腐病、黴菌 ▶ 6～7月
梅雨季等濕度高時，葉片容易因為發霉而長出斑點，葉片腐爛時就會演變成軟腐病。將植栽置於通風處，有助於預防斑點問題。一旦感染軟腐病，僅留下健康部分，並用電風扇等使其乾燥，再於梅雨季過後重新移植。

Q6 可以賞花到什麼時候呢？

【A】約8成都開花後，就將花摘除。

多肉植物的開花時間大不相同且花期又短，所以前往園藝中心挑選時，往往沒有機會看到開花情況，然而這同時也是居家栽培的樂趣之一。部分品種的花苞結在長長的莖桿前端，部分品種則開在不起眼的地方，形式和花色非常多樣化。若沒有計畫採集種子的話，可於開花8成左右，從花莖下的葉片基部剪斷。如果少了這個步驟，植栽容易日漸衰弱，葉片也會逐漸褪色。

花苞結在長長枝莖上的長生草屬「蛛毛卷絹」。

用剪刀剪斷花柄。照片為厚葉草屬與擬石蓮屬的屬間雜交種的「紫麗殿」。

【植物名索引】

蓮座狀… 短莖上的葉片重疊且呈放射狀向四周生長。從上方看時宛如一朵蓮花，因此稱為蓮座狀。

單頭… 只有1個芽體的狀態。

群生… 多數植株（芽）密集生長在一起的狀態。

子株… 自親株長出來的新生株。

分頭… 親株基部仍舊相連在一起，但同一莖桿上長出好幾個多肉頭。

石化… 生長點由點狀拉長成線狀的突變。常見於莖、枝、花序等部位。植株容易因此變成扁平狀、扇狀。

綴化… 不同於石化，植株上長出許多不定芽，植株外形因此變得不規則。

匍匐性… 莖桿具有在地上攀爬的性質。

直立性… 莖桿、枝條具有直立向上生長的特性。

喬木狀… 莖桿如樹木般粗壯且向上直立生長。

灌木狀… 莖桿木質化，看起來像灌木。

單次結實性… 一般多年生植物長到一定程度後，會每年重複開花結果。但相對於這種植物，一生只開花結果一次，並於開花結果後枯萎死亡的植物，就稱為單次結實性植物。

塊根（莖）植物… 莖部或根部肥大的植物。請參考P73。

葉窗… 十二卷屬等多肉植物的葉片表面看起來呈半透明狀的部分。

鱗莖… 短莖周圍的葉片整體或葉鞘部肥厚形成貯藏養分的鱗片狀葉子（為了保護保護植株的芽和球根），葉片聚集成鱗莖。

對生… 以莖桿為中心點，兩片葉子朝反方向生長。

鋸齒狀… 葉緣形狀如同鋸齒外形。

芽變（枝變）… 生長點突變，進而造成個體生出擁有不同基因的組織部位（新芽、葉、花等）。

芽變消失… 因芽變產生新組織的植株，後來又再次生出和原本植株相同特性的組織部位。

屬間交配… 不同屬的植物之間進行交配。請參考P16。

錦斑… 葉片或花上長出白色、黃色等色斑。各種原因造成葉片缺乏葉綠素的狀態。具有觀賞價值，所以極為珍貴。

散斑… 細小斑紋呈不規則分布。

曙斑… 只出現在最新葉片上的的斑紋。通常會隨生長而消失，但部分品種會留下淡淡痕跡。

中斑… 葉片中央產生斑紋。

糊斑… 植株綠中帶白，宛如抹上糨糊的斑紋。

刷毛斑… 如同用筆刷上去的斑紋，斑紋十分清楚。

覆輪斑… 花瓣或葉片周圍部分產生斑紋。

外斑… 葉片外側產生斑紋，類似覆輪斑。

種子播種法… 從種子開始培育的繁殖方法。

自花授粉… 花粉由雄蕊傳至同個體（株）的雌蕊（柱頭）上進行受精。

異花授粉… 花粉由雄蕊傳至其他個體（株）的雌蕊（柱頭）上進行受精。

雌雄異株… 只開雌花的雌株和只開雄花的雄株完全分開的植物。若沒有同時具備兩種植株，就無法進行授粉採集種子。僅雌株會結果實。

扦插法… 請參考P116。

分株法… 請參考P118。

葉插法…請參考P120。利用葉上的不定芽來繁殖新生株的方法。通常多取下方葉片進行葉插。不易採取下方葉片的種類，或者透過花莖上的葉片就能輕易繁殖的種類，則使用花莖上的葉片。

根插法…請參考P120。

砍頭…請參考P118。針對不容易長出子株的植物，透過砍頭作業強制使其長出子株。尤其是單次結實性植物，多半以砍頭處理來促使植株更新。

摘心…修剪莖部前端的作業。剪去頂端生長點，促使植株分枝並加速側芽萌發，以達到調整植株外形的目的。

營養繁殖…指的是透過扦插法、分株法、葉插法、根插法等，以植物組織的一部分進行繁殖的方法。屬於無性繁殖的方法之一。基本上，帶有錦斑的植株若沒有透過營養繁殖，多半難以重現美麗的斑紋。

更新…植株老化或受傷後，利用營養繁殖或種子播種法更新植株。

走莖…親株長出來的細莖，通常會走蔓於土面上，屬於地下莖的一種。

不定芽…通常新芽形成於莖部前端或葉腋等固定位置，這些芽稱為「定芽」。相對於此，新芽若長於葉、根、節間等部位，則稱為「不定芽」。繁殖體也是一種不定芽。

灼傷…因強光照射，導致葉片變色或枯萎。平時置於陰涼處、室內照顧的植栽，或是葉片色素少的植栽，突然置於強烈陽光下，容易因此造成灼傷。

防曬…為避免陽光直射、高溫，使用遮陽網等幫植栽防曬遮光。

根腐爛…根部腐爛又置之不理的話，恐會導致植栽枯萎。病蟲害、肥料過多、排水不良、濕度太高等都有可能造成根部腐爛。

節間…莖上長葉的部分稱為「節」，兩節之間部分稱為「節間」。

PROFILE

長田研

1975年出生於日本靜岡縣。畢業於美國維吉尼亞
大學，主修生物與化學。現於靜岡縣沼津市經營苗
圃「CACTUS長田」，主要經手多肉植物為主的生
產與批發，另外也致力於培育新品種與園藝植物
的進出口。著作包含《NHK趣味の園芸　よくわか
る栽培12か月　多肉植物》（NHK出版）等。

TITLE

養肉高手多肉趣

STAFF		ORIGINAL JAPANESE EDITION STAFF	
出版	瑞昇文化事業股份有限公司	デザイン	山本 陽、菅井佳奈（yohdel）
作者	長田研	撮　影	高橋 稔
譯者	龔亭芬	編集協力	関根有子
		DTP制作	天龍社
總編輯	郭湘齡		
文字編輯	徐承義　蔣詩綺		
美術編輯	謝彥如		
排版	菩薩蠻數位文化有限公司		
製版	明宏彩色照相製版股份有限公司		
印刷	桂林彩色印刷股份有限公司		
法律顧問	經兆國際法律事務所　黃沛聲律師		
戶名	瑞昇文化事業股份有限公司		
劃撥帳號	19598343		
地址	新北市中和區景平路464巷2弄1-4號		
電話	(02)2945-3191		
傳真	(02)2945-3190		
網址	www.rising-books.com.tw		
Mail	deepblue@rising-books.com.tw		
初版日期	2019年9月		
定價	350元		

國家圖書館出版品預行編目資料

養肉高手多肉趣 / 長田研作；龔亭芬譯.
-- 初版. -- 新北市：瑞昇文化, 2019.08
128面；18.2 x 25.7公分
ISBN 978-986-401-368-5(平裝)

1.仙人掌目 2.栽培

435.48　　　　　　　　　　　108012506